上海智库报告文库
SHANGHAI ZHIKU BAOGAO WENKU

协同创新

强化国家战略科技力量主导

李湛 等 著

上海人民出版社

编审委员会

序

　　智力资源是一个国家、一个民族最宝贵的资源。建设中国特色新型智库，是以习近平同志为核心的党中央立足新时代党和国家事业发展全局，着眼为改革发展聚智聚力，作出的一项重大战略决策。党的十八大以来，习近平总书记多次就中国特色新型智库建设发表重要讲话、作出重要指示，强调要从推动科学决策、民主决策，推进国家治理体系和治理能力现代化、增强国家软实力的战略高度，把中国特色新型智库建设作为一项重大而紧迫的任务切实抓好。

　　上海是哲学社会科学研究的学术重镇，也是国内决策咨询研究力量最强的地区之一，智库建设一直走在全国前列。多年来，上海各类智库主动对接中央和市委决策需求，主动服务国家战略和上海发展，积极开展研究，理论创新、资政建言、舆论引导、社会服务、公共外交等方面功能稳步提升。当前，上海正在深入学习贯彻习近平总书记考察上海重要讲话精神，努力在推进中国式现代化中充分发挥龙头带动和示范引领作用。在这一过程中，新型智库发挥着不可替代的重要作用。市委、市政府对此高度重视，将新型智库建设作为学习贯彻习近平文化思想、加快建设习近平文化思想最佳实践地的骨干性工程重点推进。全市新型智库勇挑重担、知责尽责，紧紧围绕党中央赋予上海的重大使命、交办给上海的重大任务，紧紧围绕全市发展大局，不断强化问题导向和实践导向，持续推出有分量、有价值、有思想的智库研究成果，涌现出一批具有中国特色、时代特征、上海特点的新型智库建设品牌。

"上海智库报告文库"作为上海推进哲学社会科学创新体系建设的"五大文库"之一，是市社科规划办集全市社科理论力量，全力打造的新型智库旗舰品牌。文库采取"管理部门＋智库机构＋出版社"跨界合作的创新模式，围绕全球治理、国家战略、上海发展中的重大理论和现实问题，面向全市遴选具有较强理论说服力、实践指导力和决策参考价值的智库研究成果集中出版，推出一批代表上海新型智库研究水平的精品力作。通过文库的出版，以期鼓励引导广大专家学者不断提升研究的视野广度、理论深度、现实效度，营造积极向上的学术生态，更好发挥新型智库在推动党的创新理论落地生根、服务党和政府重大战略决策、巩固壮大主流思想舆论、构建更有效力的国际传播体系等方面的引领作用。

党的二十届三中全会吹响了以进一步全面深化改革推进中国式现代化的时代号角，也为中国特色新型智库建设打开了广阔的发展空间。希望上海新型智库高举党的文化旗帜，始终胸怀"国之大者""城之要者"，综合运用专业学科优势，深入开展调查研究，科学回答中国之问、世界之问、人民之问、时代之问，以更为丰沛的理论滋养、更为深邃的专业洞察、更为澎湃的精神动力，为上海加快建成具有世界影响力的社会主义现代化国际大都市，贡献更多智慧和力量。

中共上海市委常委、宣传部部长　赵嘉鸣

2025 年 4 月

目　录

前　言

　　党的二十大报告明确了坚持创新在我国现代化建设全局中的核心地位，到 2035 年，我国将实现高水平科技自立自强，进入创新型国家前列，建成科技强国。党的二十届三中全会进一步强调，深化科技体制改革，优化重大科技创新组织机制，统筹强化关键核心技术攻关，推动科技创新力量、要素配置、人才队伍体系化、建制化、协同化。在以习近平同志为核心的党中央坚强领导下，我国科技创新成果竞相涌现，科技体制改革多点突破、纵深推进，科技实力跃上新的大台阶，科技自立自强迈出坚实步伐。率先探索和建立在沪国家战略科技力量为主导的协同创新机制，是新时代上海建设具有全球影响力的科技创新中心的要求，对上海强化国家战略科技力量和更好发挥在沪国家战略科技力量作用、坚持创新在我国现代化建设全局中的核心地位、加快实现高水平科技自立自强，至关重要。

　　第一，本书进一步全面梳理在沪国家战略科技力量的基本情况，从国家实验室、国家重点实验室、国家级科研机构、高水平研究型大学和科技领军企业等多个层面分析在沪国家战略科技力量的深厚基础和显著优势，为构建在沪国家战略科技力量为主导的协同创新机制奠定坚实基础。

　　第二，科技发展历经数十年改革与探索，从实践摸索到理论框架建立再到深度拓展，逐步形成了产学研协同创新的理论体系。本书在总结协同创新相关理论发展的基础上，分析借鉴国际经验，揭示创新过程中不同参与者之间的复杂互动关系及其对经济增长的影响。上海作为科技创新的重要基地，其发展历程和创新模式为中国乃至全球的协同创新实践提供了有益参考。

第三，梳理在沪国家战略科技力量在开展协同创新方面的积极探索与实践成就，从使命驱动、创新资源、创新主体、创新生态与创新辐射等方面总结上海经验。以在沪国家实验室、中国科学院上海硅酸盐研究所、上海交通大学和大飞机创新谷四个典型案例为代表，通过实地调研和专题研讨，总结在沪国家战略科技力量协同创新经验与举措。国家战略科技力量协同创新需要国家、地方、部门、行业的科技力量与资源综合发力，当前还存在国家战略科技力量的核心主体发展不成熟、责任机制不清晰、组织协同不到位等问题，面向战略需求开展攻关的新型举国体制尚有待加强系统设计。

第四，对在沪国家战略科技力量为主导的协同创新机制作出定义并提出应当建立的具体机制。在沪国家战略科技力量为主导的协同创新机制是指以国家战略科技力量为主体，以维护国家安全和长远发展为目标，以重大需求和战略使命为导向，以重大任务为载体和以市场机制为纽带，形成"核心力量—主力力量—参与力量"共同参与的科技攻关机制。在沪国家战略科技力量为主导的协同创新机制应该包含"三大驱动机制"和"五个协同机制"。三大驱动机制分别是重大使命和重大目标任务驱动机制、科技创新策源驱动机制、科技进步与科技革命驱动机制。五个协同机制则是国家战略科技力量研发协同机制、国家战略科技力量与产业创新发展协同机制、国家战略科技力量与市场化科技成果转化协同机制、国家战略科技力量与长三角区域创新协同机制、在沪国家战略科技力量与上海科技创新中心建设协同机制。必须强化协同创新驱动机制，加大基础研究投入，优化科技创新资源配置，注重人才、团队和平台建设，形成以国家战略科技力量为核心，多方科技力量联动的协同创新网络。

第五，本书研究了在沪国家战略科技力量协同攻关的制度设计、组织模式和实施路径，旨在加快打造具有全球影响力的科技创新中心，有力推动国家科技创新和经济社会发展。本书提出，建立"基础研究特区、科技创业特区、基本政策特区"三位一体的相关制度，建立国家战略科技力量协同攻关的科技评价与考核奖励制度和建立国家战略科技力量主导的科技成果转化制度。本书提出，在沪国家战略科技力量主导协同攻关，可以选择和建立六种组织模式，包括形成具有上海特点的新型举国体制、形成具有上海特点的揭榜挂帅模式、加快形成长三角科技创新共同体模式、形成科创载体集聚创新发源地模式、形成"政产学研中用金"合作模式和形成"战略科技力量—产业—政府"三重螺旋模式。本书提出在沪国家战略科技力量主导协同攻关的实施路径：一是培育战略科学家与战略企业家，建立科学家与企业家的"旋转门"路径；二是建设具有科技创业特区属性、强化技术转移服务的高质量科技创新创业载体；三是实施在沪国家战略科技力量科技成果转化与高新技术企业培育工程；四是探索建立协同创新联合体的横向协同和纵向联通机制。

第六，本书提出了建立在沪国家战略科技力量主导协同创新机制的保障措施。包括加强党的全面领导、加强顶层设计、推进科技体制机制进一步改革、加大财政投入和建立专项基金、强化防范和化解风险保障、提供人才保障和优化高层次科技创新人才培养机制、制定行动计划、不断强化科技创新创业活力。

最后，本书从评价指标体系设计、推动国家战略科技力量高质量协同创新、建设新型研发机构、建设高质量孵化器、推动数智化转型、建立国家战略科技力量协同创新的新型举国体制、促进国家战略科技力量跨界合作和开放创新、促进长三角科技创新一体化发展等方面提出了建立在沪国家战略科技力量主导协同创新机制的对策建议。

本书完善和丰富了国家战略科技力量的发展理论与实践需求，从主导协同创新角度强化在沪国家战略科技力量，为上海以科技现代化支撑中国式现代化筑牢基底，为加快建设具有全球影响力的科技创新中心提供动力，为应对日益激烈的国际科技竞争创造优势。

第一章
绪论

  率先探索和建立在沪国家战略科技力量为主导的协同创新机制，是新时代上海建设具有全球影响力的科创中心的要求，对上海强化国家战略科技力量和更好发挥在沪国家战略科技力量作用、坚持创新在我国现代化建设全局中的核心地位、加快实现高水平科技自立自强至关重要。当前，在我国进入全面建设社会主义现代化国家新阶段，国家战略科技力量又有了新背景、新形式、新特征和新要求，亟须系统地把握新时代国家战略科技力量的发展目标与发展需要，加快建立在沪国家战略科技力量为主导的协同创新机制。在全球科技竞争加剧、新一轮科技革命和产业变革的背景下，研究推动协同创新发展实践，通过整合国家实验室、国家科研机构、高水平研究型大学和科技领军企业等多元主体，形成高效协同的创新机制，是上海加快建设具有全球影响力的科技创新中心，强化国家战略科技力量理应肩负的使命，也是其发展的新机遇。本章重点关注上海强化国家战略科技力量为主导的协同创新机制的意义、背景、方法及内容框架。

第一节　研究背景

在沪国家战略科技力量为主导的协同创新，是上海继续发挥以科技现代化引领中国式现代化、建设具有全球影响力的科技创新中心和创造国际科技竞争新优势的重要路径。

一、为上海以科技现代化引领中国式现代化筑牢基底

科技现代化是中国式现代化的核心意蕴，也是中国式现代化的关键内容。习近平总书记提出科技现代化在中国式现代化实现过程中处于关键地位，为加快推进科技强国建设提供了重要遵循。党的二十届三中全会作出进一步全面深化改革、推进中国式现代化的决定，其中提出：构建支持全面创新体制机制，优化重大科技创新组织机制，统筹强化关键核心技术攻关，推动科技创新力量、要素配置、人才队伍体系化、建制化、协同化。加强国家战略科技力量建设，完善国家战略科技力量主体的定位和布局，推进科技创新央地协同，统筹各类科创平台建设，鼓励和规范发展新型研发机构，发挥我国超大规模市场引领作用，加强创新资源统筹和力量组织，推动科技创新和产业创新融合发展。

上海是中国式现代化的重要展示窗口，加强在沪国家战略科技力量的协同创新正是上海的具体实践。在沪国家战略科技力量为主导的协同创新机制以服务国家战略需求、体现国家战略意图为首要目标，因此需要以体系化布局覆盖国家安全体系关键领域并长期坚守，为建设世界科技强国系统谋篇布局。在沪"国家战略科技力量"为主导的

协同创新机制以解决国家重大科技问题、攻克共性关键技术为使命导向，因此需要以体系化布局统筹调动多学科团队、优化配置多类型资源，形成合力协同作战攻关。在沪"国家战略科技力量"为主导的协同创新机制以源头性创新、公益性供给为基本特征，因此需要以体系化布局在"投入大、周期长、见效慢"的基础冷门学科领域持续深耕，在"需求大、应用广、迭代快"的新兴交叉学科领域率先发力，形成共性基础技术供给体系。在沪"国家战略科技力量"为主导的协同创新机制以引领高水平创新主体建设、优化国家创新体系空间布局为主要任务，因此需要以体系化布局形成基础科技力量、区域科技力量、产业科技力量协同编队、良性互动，打造空间分布合理、功能体系完整的科技基础设施集群与区域科技创新高地。

二、为上海建设具有全球影响力的科技创新中心提供动力

强化国家战略科技力量是上海建设具有全球影响力的科技创新中心的重要内容，而探索国家战略科技力量的协同创新机制又是其中的关键。当前，世界百年未有之大变局加速演进，国际形势的复杂性不断加剧，必须准备经受风高浪急甚至惊涛骇浪的重大考验。科技自立自强是国家发展的重要战略支撑。上海科技创新中心建设不能走西方国家科技创新中心的发展道路，也无法照抄照搬西方国家科技创新中心的发展模式，必须开辟一条具有中国特色和上海特点的发展路径。新一轮科技革命和产业变革加速演进，各学科、各领域间深度交叉融合、广泛扩散渗透，呈现出多点突破、群发性突破的态势。当代科学

的群体突破态势表现为在科技变革中发挥主导作用的不再是一两门科学技术，而是由信息科技、生命科学和生物技术、纳米科技、新材料与先进制造科技、航空航天科技、新能源与环保科技等构成的高科技集群。因此，我国必须强化国家战略科技力量协同创新机制，推动基础前沿交叉与学科多点融合，以顺应当今科技发展新趋势。

国家战略科技力量协同创新机制不断顺应科技发展趋势，积极推动跨学科、跨行业的合作与交流，激发创新潜能，实现科技成果更加高效地转化为现实生产力。随着人工智能、生物技术、绿色能源等领域不断突破创新，国家力求建立更加开放、灵活、高效的协同创新机制，将政府、企业、学术界及社会各界的力量有机结合，共同推动科技创新成果的孵化、转化与应用。这样的机制有助于缩短科技创新周期，推动科技向纵深发展，为上海加快建设具有全球影响力的科技创新中心奠定坚实基础。

三、为上海应对日益激烈的国际科技竞争塑造优势

当今世界正处于百年未有之大变局，大国间科技竞争已从领域竞争走向体系对抗。主要国家都着力构建以国家需求目标和解决人类面临的共同问题为导向的"大科学"与以自由探索为导向的"小科学"协调发展的国家创新体系，形成以建制化科技力量为主导、政府深度参与、社会高效协同的创新系统。上海要充分利用开放优势，强化全球资源配置功能，聚焦关键核心技术突破，助力强化国家战略科技力量。上海科技创新要以全球为视野，以源头攻坚为发力点，以填补空白、合作共赢为方略，以推陈出新、兼收并蓄为路径，以促进发展、

造福人类为最终使命，为推动国际国内科技创新发展创造基础性条件，为推进全球科技进步提供源头性与开创性贡献。

国家战略科技力量协同创新机制是应对国际竞争的必然选择。在全球科技竞争日益激烈的背景下，国家需要紧密整合各方力量，打破传统的创新壁垒，加强内外部资源的整合与优化。这种机制不仅能够促进科技研发的协同合作，推动创新成果的跨界应用，而且可以有效吸引国内外优秀科技人才，提高创新的活力和质量。通过国家战略科技力量协同创新机制，可以最大程度地发挥国家整体科技实力，推动核心技术的突破，加速产业升级，确保国家在全球科技竞争中保持领先地位。这种协同创新机制不仅对于国家的科技发展至关重要，也是应对国际竞争、确保国家长远发展的智慧举措。

第二节　研究意义

围绕在沪国家战略科技力量为主导的协同创新机制研究，是完善和丰富国家战略科技力量发展理论和实践的需要，是推进协同创新发展和强化在沪国家战略科技力量实践的需要。

一、完善国家战略科技力量发展理论的需要

在目前的科技创新研究中，对国家创新体系、国家实验室、科技创新载体和科技园区等进行的研究比较多，但对国家战略科技力量的协同创新相关研究较少。经文献梳理发现，欧美国家并没有"国家战

略科技力量"这一提法，与该提法比较接近的概念有国家实验室、国家创新体系等，但都与国家战略科技力量的内涵有一定差别。因此，国家战略科技力量是一个具有中国特色的概念，其协同创新研究更需要进一步拓展国家战略科技力量发展理论。从理论条件来看，只有具有一定科研实力和创新资源丰富的大国，如美国、英国、日本等，才会比较重视国家战略科技力量的研究和发展。从影响因素来看，国家战略科技力量协同创新的影响因素比较复杂，国家战略科技力量协同创新不仅受创新资源影响，而且受区域经济发展水平、区域产业发展水平、科技人才储备、区域科技发展政策、科技创新空间布局等影响，导致目前国内外关于国家战略科技力量的研究比较少，尚未形成理论体系。从概念演变上来看，国家战略科技力量内涵的解读具有地区性和阶段性，需要重点结合国家战略来解读，而且不同阶段国家战略科技力量演变具有不同的功能定位和特征。在新的发展阶段，国家战略科技力量协同机制又有了新背景、新形式、新特征和新要求，亟须进一步系统把握新时代国家战略科技力量的内涵和特征。因此，中国的科技创新发展实践具有研究国家战略科技力量为主导的协同创新机制发展的必要性，又为国家战略科技力量理论研究提供了良好的素材。本书以上海强化国家战略科技力量为研究对象，将中国特色科技创新发展问题的研究上升为理论，具有重大理论和学术创新价值。

二、丰富国家战略科技力量发展实践的需要

当今世界正处于百年未有之大变局，科技创新已成为影响世界格

局重塑的关键变量，新一轮科技革命和产业变革对科技创新发展提出了更高的要求，越来越多国家将科技创新作为增强国家综合实力的最主要支撑。当前，我国诸多关键产业发展面临着外来"卡脖子"风险，关键领域存在的科技短板已成为束缚我国经济高质量发展的桎梏，亟须实现科技创新领域的突破。早在 2013 年，习近平总书记考察中国科学院时指出，战略科技力量是我国建成创新型国家的关键。2020 年 10 月，党的十九届五中全会将强化国家战略科技力量提升到了新高度，首次具体从任务、领域、目标和举措等方面论述如何强化国家战略科技力量。迈入"十四五"发展新阶段，《中华人民共和国国民经济和社会发展第十四个五年规划和 2035 年远景目标纲要》明确提出："以国家战略性需求为导向推进创新体系优化组合，加快构建以国家实验室为引领的战略科技力量。"国家战略科技力量正是国家创新体系的中坚力量，是促进科技创新、推动经济社会发展和保障国家安全的"压舱石"。中央把科技创新提升到了前所未有的战略高度，将强化国家战略科技力量作为实现科技创新自立自强的战略举措，旨在依靠国家战略科技力量实现科技创新的突破，培育经济增长新动力，创造新的发展优势，从而抓住新一轮科技革命和产业变革带来的机遇，将我国建设成社会主义现代化强国。

三、推进协同创新发展实践的需要

国家实验室、全国重点实验室、国家科研机构、高水平研究型大学、科技领军企业作为国家战略科技力量的重要组成部分，各类主体的协同创新是强化国家战略科技力量的重要路径。大科学时代的科技创新，每一个国家战略科技力量都是国家创新体系的组成部分，"单打独斗"和"包打天下"的科创模式都不适应创新发展的现实需要，也不符合国家战略科技力量的发展定位。如何更好地释放各类主体的创新动能、激发各类主体的创新活力，协调各方集中力量办大事，都需要各类国家战略科技力量的协同创新。协同创新要以国家战略科技力量为主导，以维护国家安全和长远发展为目标，以重大需求和战略使命为导向、重大任务为载体、市场机制为纽带，形成各方合力参与的协同创新体制机制。为推动以在沪国家战略科技力量为主导的协同创新机制的发展，协同创新机制设计至关重要。本书在对在沪国家战略科技力量协同创新现状进行系统梳理的基础上，分析国内外协同创新发展的成功案例，立足于上海的科创优势，聚焦国家重大战略需求，研究重大目标任务情境下在沪国家战略科技力量协同攻关的制度设计、组织模式和实施路径，提出有关建议，推进在沪国家战略科技力量为主导的协同创新机制的现实实践。

四、强化在沪国家战略科技力量实践的需要

上海正在加快建设具有全球影响力的科技创新中心，必将在强化国家战略科技力量中承担更大的使命、发挥更大的作用。回顾中国科技创新发展史，在历次重大科技突破中上海都作出了重大贡献。上海的发展进程也紧紧围绕国家战略需求，聚焦和承担国家科技重大产业化专项的集成制造，如核电设备、大型民用科技、燃气轮机、航空母舰等国家重大科技专项均落地上海。2014 年 5 月，习近平总书记在上海考察时，提出希望上海加快向具有全球影响力的科技创新中心进

军。在"十四五"规划中国家赋予了上海科技创新的新使命,支持上海建成国际科技创新中心,支持上海张江建成综合性国家科学中心,并已在上海布局了一大批国家重大科技基础设施。上海的创新要素集聚程度位居全国前列,其所背靠的长三角地区是我国综合实力最强、创新要素集聚程度最高、创新链条布局最均衡、产业配套基础较好的腹地。因此,上海具有承担强化国家战略科技力量重大使命的能力和优势。在新时代,上海要在国家战略布局中谋划发展蓝图,深刻理解中央的战略意图,在中央对上海发展的战略定位和要求中谋划未来发展,继续当好全国创新发展的先行者,助力国家在百年未有之大变局中脱颖而出。2021 年,《上海市国民经济和社会发展第十四个五年规划和二〇三五年远景目标纲要》明确:"十四五"期间,上海要进一步强化科技创新策源功能,扩大高水平科技供给。承担强化国家战略科技力量的使命,不仅符合国家实施创新驱动发展战略的需求,也与上海的国际科技创新中心和全球创新策源地建设战略目标相契合,具有相互协同促进效应。强化国家战略科技力量既是上海的使命,也是上海发展的机遇。因此,上海如何助力强化国家战略科技力量是新时代上海科技创新发展亟须回答的首要问题。

本书在全面论述新时代国家战略科技力量基本情况的基础上,重点对上海市重大科技力量状况开展系统调研,全面梳理上海重大科技力量协同的现状、结构和布局等特征,厘清强化国家战略科技力量协同创新机制的现状、特点、成功案例与不足;系统梳理国内外经验,结合中国国情、上海市情、当前特殊环境和新时代的战略新需求,力求凝合出有效、可行的有益经验;探索上海强化国家战略科技力量为主导的协同创新机制,为上海推动国家战略科技力量发展奠定理论基础；最终提出新时代构建在沪国家战略科技力量为主导的协同创新机制的政策建议。本书将回答新时代上海如何构建国家战略科技力量为主导的协同创新机制这一重大问题，旨在为上海市相关部门的科技发展规划和科技创新政策制定等提供参考。

第三节　研究方法与创新

一、研究方法

第一，文献梳理与规律总结。通过对已有文献的梳理，总结分析协同创新理论的内涵、特征和演变规律；总结分析在沪国家战略科技力量协同创新的历史性、时代性和趋势性特点等。

第二，理论分析与实地调研相结合。通过理论分析国家战略科技力量协同创新的历史逻辑、现实逻辑和理论逻辑，分析新时代国家战略科技力量协同创新的新形势、新特征和新要求等。通过实地调研，总结国内外发展经验，对在沪国家战略科技力量协同的现状进行摸底与分析，为课题研究夯实基础。

第三，案例分析。选取一些国内外国家战略科技力量协同发展的案例进行剖析，梳理出这些案例中国家战略科技力量协同发展的管理机制、运行模式和空间布局等方面的经验和特点。

第四，对比分析。在研究中，采用对比分析方法，开展国内与国外对比研究、上海与其他地区对比、不同类型的国家战略科技力量对比等，以探寻出上海强化国家战略科技力量协同的新思路和新举措。

　　第五，甄别问题与解决问题的对策研究相结合。围绕新时代上海更好助力强化国家战略科技力量协同这一问题展开研究，出发点和落脚点都是为了更好地甄别问题和解决问题，最终发挥好上海的创新动能与作用，推动强化国家战略科技力量协同。本书将深入研究新时代国家战略科技力量的内涵、现状、问题和新特点等，梳理上海的科技力量现状、优势、问题，并构建上海国际科技创新中心建设和强化国家战略科技力量的协同机制，探讨强化国家战略科技力量的上海新使命、新思路与新举措，有助于推动上海更好地助力强化国家战略科技力量。

二、研究创新

　　第一，分析问题的思维方式创新。准确把握问题导向、需求导向是本书的前提条件和基础性工作。本书以在沪国家战略科技力量为主导的协同创新机制的历史背景、历史逻辑和面临的新形势、新要求、新问题和新使命等为导向，从上海长期科技发展状况中梳理优势、发现不足、总结发展特点；从建设国际科技创新中心和打造全球创新策源地与强化国家战略科技力量协同创新中寻找共同之处、甄别差异、构建协同机制；从新时代、新目标、新任务、新使命和面临的新形势、新机遇、新挑战中找新问题、新特点，通过多方面、多维度的深入研究，力求集聚问题、找准问题和解决问题，提出新思路和新举措。

　　第二，系统深入的调查研究和国际经验的比较研究创新。本书针对强化国家战略科技力量协同创新，开展系统深入的实地调研，并通过梳理欧美俄日韩等经验和比较研究，通过政产学研咨询研究和专家研讨，提出新时代强化国家战略科技力量协同创新的上海举措，包括重点领域、目标选择、组织形态、行动计划和保障措施。

第三，结合创新驱动发展战略理论，从建立上海国际科技创新中心建设、长三角一体化与强化国家战略科技力量协同机制的角度，形成强化国家战略科技力量协同创新的上海思路。把创新驱动发展战略理论作为强化国家战略科技力量的理论支撑，从形成协同发展机制上探求上海强化国家战略科技力量的路径。

第四节　研究框架与内容

围绕在沪国家战略科技力量为主导的协同创新机制，本书主要内容包括在沪国家战略科技力量的现状与特点分析，国家战略科技力量协同创新的国际经验分析，在沪国家战略科技力量为主导的协同创新机制研究，制度设计、组织模式和实践路径研究以及保障措施研究。

一、在沪国家战略科技力量的现状与特点

上海作为中国科技创新的重要城市，汇聚了国家实验室、国家重点实验室、国家科研机构和高水平研究型大学，形成了国家战略科技力量的核心。这些机构在信息技术、生命健康、人工智能、先进制造等领域不断取得关键性科技成果，显示了上海在全球科技创新中的领先地位。同时，上海的科技领军企业，如华为、中芯国际、拼多多

等，不仅推动了科技创新，也引领了产业升级。此外，通过积极参与和牵头国际大科学计划和工程，以及实施高质量孵化器计划，上海提升了在全球科技创新领域的影响力和竞争力，展现了中国科技创新的活力和潜力。上海的这些努力不仅在国内具有重要地位，还在国际科技创新舞台上发挥着越来越重要的作用。

在党的二十大精神引领下，上海作为我国科技创新的前沿，充分利用其在长三角地区的地理优势和资源集聚优势，积极响应国家战略，加强国家战略科技力量，把自身建设成为具有国际影响力的科技创新中心。上海的协同创新特征表现在政策引导、重大需求聚焦、"一把手"挂帅、创新人才队伍建设和资源配置优化等方面，但也面临政府引导需加强、明确攻关重点、强化领导协调、科技人才培养及资源配置优化等挑战。通过案例分析，如国家实验室、中国科学院上海硅酸盐研究所、上海交通大学和大飞机创新谷等，展示了上海在推进科技创新和产业升级方面的成功经验，这些典型案例反映了上海在协同创新中的积极探索和实践成效。然而，为进一步优化科技创新生态，上海需在政府引导、需求聚焦、领导协调、人才培养和资源配置等方面持续深化改革，推动科技创新资源高效集聚和利用，加快科技成果转化，促进科技与经济深度融合，支撑上海乃至长三角地区的高质量发展。

二、国家战略科技力量协同创新的国际经验分析

中国科技发展与协同创新经历了由初期探索到成体系发展的转变，特别体现在国家战略科技力量上。从 1978 年改革开放至今，中

国通过调整经济战略、改革科技体制，实现了从技术引进到自主创新的跨越。尤其在"产学研"合作模式下，政府、企业、高等院校及科研机构形成了紧密的创新网络，推动了科技成果的快速转化。国家战略科技力量在这一过程中起到了关键作用，包括建设国家实验室、实施重大科技项目、构建开放协同的创新平台等。这些力量不仅引领了科技发展方向，还促进了资源整合、提升了创新质量和效率，增强了国际竞争力。中国的科技发展与协同创新展现了从追赶到部分领域引领的历程，反映了国家战略科技力量在促进科技进步、实现经济社会发展目标及增强国家综合竞争力中的重要作用。

国家战略科技力量在协同创新中发挥着关键作用，这一点在全球范围内已经得到了广泛的认可和应用。通过分析德国的"工业 4.0 计划"、美国的"硅谷模式"及芬兰的信息通信技术联盟等不同的协同创新模式，可以发现几个共同的核心特点，这些特点为理解国家战略科技力量在推动科技进步和经济增长中的重要性提供了重要启示。

三、在沪国家战略科技力量为主导的协同创新机制

构建以在沪国家战略科技力量为主导的协同创新机制，旨在推动上海及长三角地区的科技创新和经济发展。本书从多个维度详述了如何通过重大使命和目标任务驱动机制、科技创新策源驱动机制、科技进步与科技革命驱动机制，以及具体的协同机制来加强国家战略科技力量，实现科技与产业、市场、区域创新的深度融合。重点提出了以明确的重大使命和目标任务为导向，构建面向国家重大需求的科技创新驱动机制；加强科技创新策源功能，促进原始创新和关键技术突

破；以及适应科技革命新范式，加快科技与产业深度融合。此外，本书还着重讨论了在沪国家战略科技力量与产业创新发展、市场化科技成果转化、长三角区域创新的协同机制，以及上海国际科技创新中心建设的联动，提出了加强科技力量协同、促进科技成果转化、提升区域创新能力和实力的策略和措施。

四、制度设计、组织模式和实施路径

加强国家战略科技力量协同攻关的制度设计，目的在于提升各部门、领域间的协调动员能力，以及政府、市场、社会之间的协同，通过出台针对性的制度建议，提高政策供给的普适性和精准性。本书将完善科技创新体制机制视为坚持和完善社会主义基本经济制度的重大举措，强调其在解放和发展社会生产力中的重要作用。推动科技创新主导生产力的发展，同时，探索"基础研究特区""科技创业特区""基本政策特区"三位一体的制度设计，建立科技评价与考核奖励制度，强调科技成果转化的重要性，推动在沪国家战略科技力量的协同攻关。具体包括：细化职务科技成果赋权程序，规范职务科技成果资产管理机制，以及强化成果转化的应用导向，形成可复制、可推广的经验，促进科技与经济深度融合。

在沪国家战略科技力量的协同攻关体现了科技创新中体制机制的重要性和联合攻关的主要形式。上海作为承担国家重要战略任务的城市，已经探索出具有上海特点的新型举国体制、揭榜挂帅模式、区域创新集群和科创载体集聚等多种成熟的组织模式。这些模式强调了资源整合与市场效率的平衡问题和目标导向的重要性，以及用户创新和开放式创新的结合。

在沪国家战略科技力量的组织模式中，具有上海特点的新型举国体制强调了双轮驱动的生命力和制度创新优势，依托于上海的金融资本服务科创和实体经济的天然优势。而揭榜挂帅模式则是继续深化科技体制改革的重要举措，通过公开征集创新性科技成果来解决产业链关键核心技术和"卡脖子"问题。此外，区域创新集群的组织模式和科创载体集聚创新发源地模式也是上海科技创新协同攻关过程中的重要实践，通过产业链、价值链和知识链形成具有集聚经济和知识溢出特征的技术经济网络。

实施路径方面，包括培育战略科学家与战略企业家、建设高质量科技创新创业载体、实施科技成果转化与高新技术企业培育工程、设立协同攻关的考核指标体系和探索创新联合体的协同机制。这些路径不仅强调了科技人才的培养和团队建设的重要性，也体现了为科技创新创业提供政策和环境支持的必要性。通过这些综合措施，上海不仅能够进一步推动科技创新和成果转化，也为国家战略科技力量提供了有效的协同攻关模式和实践经验，有力地支持了科技创新中心的建设和高质量发展。

五、建立在沪国家战略科技力量主导协同创新机制的保障措施

本书深入探讨了在沪国家战略科技力量主导协同创新机制的保障措施，提出了一系列具体的措施和行动计划，以确保国家战略科技力量在上海的快速发展和有效实施。这些措施包括加强党对国家战略科

技力量协同创新的全面领导、加强顶层设计和建立市级专门领导机构、推进国家战略科技力量协同创新的体制机制改革、提供充足的人才保障，以及不断强化科技创新创业活力等。在保障措施中，党的领导被视为确保科技创新方向正确、效率高、成果显著的关键。通过完善党领导下的国家战略科技力量体系和运行机制，整合各方资源，推动科技创新，为国家的长期繁荣和发展奠定坚实基础。同时，加强顶层设计，成立市级专门领导机构，确保国家战略科技力量主导协同创新机制的有效实施。

进一步深化科技体制改革，形成支持全面创新的基础制度，提升科技投入效能，深化财政科技经费分配使用机制改革，激发创新活力，这些都是推进国家战略科技力量协同创新的关键环节。此外，为了提供充足的人才保障，本书提出了优化高层次科技创新人才培养机制，加强基础研究人才团队培育，强化高水平研究型大学的基础研究等措施。为实现上述目标，本书探讨了具体的行动计划，涉及总体要求、基本原则、主要目标和国家战略科技力量的主要类型与功能定位，以及确保实施的保障措施。这一系列的策略和行动计划，旨在通过加强党的领导、顶层设计、体制机制改革、人才保障和创新创业活力，全面提升上海乃至全国的科技创新能力，支撑国家战略科技力量的发展，促进国家的科技进步和社会经济发展。

第二章
在沪国家战略科技力量的基本情况

党的二十大报告提出，"必须坚持科技是第一生产力、人才是第一资源、创新是第一动力，深入实施科教兴国战略、人才强国战略、创新驱动发展战略"。上海在国家战略科技力量的建设上具有深厚基础和显著优势，涵盖了国家实验室、国家重点实验室、国家科研机构、高水平研究型大学和科技领军企业等多个层面。一系列国家重点实验室在各自专业领域中积累了丰富的研究经验和取得了众多科研成果；高水平研究型大学在"双一流"建设中发挥了重要作用，不仅在基础研究和应用研究方面成绩斐然，还通过国家大学科技园等平台推动科技成果转化和创新创业；科技领军企业在研发投入、发明专利和经济效益等方面展现出了卓越的创新能力。上海在国家战略科技力量方面布局扎实，具备完善的创新体系和深厚的创新能力，为构建在沪国家战略科技力量为主导的协同创新机制奠定了坚实基础。

第一节　国家实验室

目前，上海共有在沪国家实验室 3 家、国家重点实验室 35 家、上海重点实验室 184 家，涉及新一代信息技术、生命健康、人工智能、先进制造等前沿领域。上海高校数量在全国占据领先地位，依托高校建立的国家重点实验室也在全国位居前列。作为国家战略科技力量的重要组成部分，国家实验室正按照"四个面向"的要求，紧跟世界科技发展大势，适应我国发展对科技发展提出的使命任务，取得战略性、关键性重大科技成果。上海正稳步推进在沪国家实验室形成"3+4"体系，包括 3 家国家实验室及 4 家国家实验室上海基地。全国重点实验室重组有力推进，上海市重点实验室体系不断壮大。

一、国家实验室

上海现有 3 家国家实验室，包括张江实验室、临港实验室、浦江实验室。

张江实验室由中国科学院和上海市人民政府共同建设。2017 年 9 月 26 日，中共中央政治局委员、上海市委书记韩正，中国科学院院长、党组书记白春礼共同为张江实验室揭牌。张江实验室努力跻身世界一流国家实验室行列，努力成为协同攻坚、引领发展的国家战略科技力量。张江实验室位于张江科学城核心区域内，聚焦具有紧迫战略需求的重大创新领域和有望引领未来发展的战略制高点，以重大科技任务攻关和大型科技基础设施建设为主线，实现重大基础科学突破和关键核心技术发展，建成跨学科、综合性、多功能的国家实验室，力争成为具有广泛国际影响的突破型、引领型、平台型一体化的大型综合性研究基地。

临港实验室成立于 2021 年，是由中央设立的新型科研机构，聚焦解决我国生物医药与脑科学领域重大科技难题，打造我国生命健康领域战略科技力量。实验室以"推动科技原创突破、引领新药创新方向、打造体系化创新生态"为愿景使命，全面围绕原创新药研发，构建"核心＋基地＋网络"的联合攻关体系，不断创新科研组织模式，高质量实施国家战略科研任务，推动产出重大科技成果，为提升我国生物医药研发原始创新能力、实现生物医药高水平自立自强作出贡献。

浦江实验室是国家级新型科研机构，是人工智能领域国家战略的重要科技力量。实验室开展战略性、前瞻性、基础性重大科学问题研究和关键核心技术攻关，凝聚和培养高水平人才，打造"突破型、平台型"一体化的大型综合性研究基地，目标是建成国际一流的人工智能实验室，成为享誉全球的人工智能原创理论和技术的策源地。实验室总部位于上海，并在北京、粤港澳大湾区和杭州等地设立基地。

二、国家重点实验室

国家重点实验室是国家科技创新体系的重要组成部分，是国家组织高水平基础研究和应用基础研究、培育高层次创新人才、开展高水平学术交流、具备先进科研装备的重要基地。表 2-1 列出了上海市部分国家重点实验室名单。

表 2-1　上海市部分国家重点实验室名单

序号	实验室名称	依托单位	领域
1	红外物理国家重点实验室	中国科学院上海技术物理研究所	信息
2	传感技术联合国家重点实验室	中国科学院上海微系统与信息技术研究所	信息
3	专用集成电路与系统国家重点实验室	复旦大学	信息
4	区域光纤通信网国家重点实验室	上海交通大学	信息
5	精密光谱科学与技术国家重点实验室	中国科学院上海光学精密机械研究所	信息
6	强磁场国家重点实验室	中国科学院上海光学精密机械研究所	信息
7	应用表面物理国家重点实验室	复旦大学	信息
8	航空技术与安全企业国家重点实验室	上海船舶运输科学研究所	信息
9	新药研究国家重点实验室	中国科学院上海药物研究所	生命
10	分子生物学国家重点实验室	中国科学院上海生科院生化细胞所	生命
11	植物分子遗传国家重点实验室	中国科学院上海生科院植生所	生命
12	神经科学国家重点实验室	中国科学院上海生科院神经所	生命
13	遗传工程国家重点实验室	复旦大学	生命
14	医学神经生物学国家重点实验室	复旦大学上海医学院	生命
15	医学基因组学国家重点实验室	上海交通大学医学院	生命
16	癌基因及相关基因国家重点实验室	上海交通大学医学院	生命
17	免疫学国家重点实验室	第二军医大学	生命
18	生物反应器工程国家重点实验室	华东理工大学	生命
19	微生物代谢国家重点实验室	上海交通大学	生命
20	分子细胞生物学国家重点实验室	中国科学院上海生命科学研究院	生命
21	生命有机化学国家重点实验室	中国科学院上海有机化学研究所	材料
22	金属有机化学国家重点实验室	中国科学院上海有机化学研究所	材料
23	高性能陶瓷和超微结构国家重点实验室	中国科学院上海硅酸盐研究所	材料

（续表）

序号	实验室名称	依托单位	领域
24	信息功能材料国家重点实验室	中国科学院上海微系统与信息技术研究所	材料
25	金属基复合材料国家重点实验室	上海交通大学	材料
26	聚合物分子工程国家重点实验室	复旦大学	材料
27	高品质特殊钢冶金与制备国家重点实验室	上海大学	材料
28	聚烯烃催化技术与高性能材料国家重点实验室	上海化工研究院	材料
29	海洋地质国家重点实验室	同济大学	地学
30	海洋工程国家重点实验室	上海交通大学	工程
31	机械系统与振动国家重点实验室	上海交通大学	工程
32	土木工程防灾国家重点实验室	同济大学	工程
33	污染控制与资源化研究国家重点实验室	同济大学	工程

资料来源：根据公开资料整理。

第二节　国家科研机构

国家科研机构承担着服务国家战略目标和国家利益的职责，在经济建设、社会发展和国防等重要领域发挥着带动作用，推动国家的科技自立自强。当前，国家科研机构被赋予了新的任务和使命，强调面向世界科技前沿、经济主战场、国家重大需求和人民生命健康的重要性，旨在实现科技跨越发展，建设国家创新人才高地，高水平科技智库和国际一流科研机构。

一、科研院所

中国科学院上海分院是中国科学院的派出机构，负责联系和管理中国科学院在上海、浙江、福建地区的研究院所工作。上海分院始于1950年3月经政务院批准成立的中国科学院华东办事处，接管并改造了原中央研究院和北平研究院在上海、南京的研究机构，1958年11月成立上海分院，1961年改为华东分院，1970年中国科学院撤销分院体制，1977年11月恢复成立中国科学院上海分院。上海分院系统现有20家机构（含上海分院）：上海微系统与信息技术研究所、上海硅酸盐研究所、上海光学精密机械研究所、上海应用物理研究所、上海技术物理研究所、上海有机化学研究所、上海营养与健康研究所、分子细胞科学卓越创新中心、脑科学与智能技术卓越创新中心、分子植物科学卓越创新中心、上海天文台、上海药物研究所、上海巴斯德研究所、福建物质结构研究所、宁波材料技术与工程研究所、城市环境研究所、上海高等研究院、微小卫星创新研究院、杭州医学研究所。

上海分院各研究所学科领域广泛，在优势研究领域有着长期的积累：在物质科学与技术领域，包括同步辐射、核科学与核技术、高能量密度物理、有机化学与有机材料、无机非金属材料和金属材料、天体物理、天文地球动力学和技术方法等；在信息科学与技术领域，包括通信技术、微电子技术、光电子技术、激光技术、红外技术等；在生命科学与技术领域，包括生物化学与分子生物学、细胞生物学、神经生物学、植物生理学、分子遗传学、创新药物和生物技术、病毒学与免疫学、健康营养研究等。同时，加强学科交叉和融合，加强系统集成和提供解决方案的能力，在信息、新能源、新材料、空间、海洋、人口健康以及大科学工程等领域着力部署，不断提高创新能力和科研水平。表 2-2 列出了部分在沪科研院所的基本情况。

表 2-2　部分在沪科研院所的基本情况

科研院所	研究方向	重点实验室
中国科学院上海应用物理研究所	以钍基熔盐堆核能系统、高效能源存储与转换等先进能源科学技术为主要研究方向，同时兼顾核技术在环境、健康、材料领域的若干前沿应用研究，致力于熔盐堆、钍铀燃料循环、核能综合利用等领域的关键技术研发	中国科学院微观界面物理与探测重点实验室
		上海市低温超导高频腔技术重点实验室
中国科学院上海天文台	天文地球动力学、天体物理以及行星科学	星系宇宙学重点实验室
		行星科学重点实验室
		射电天文重点实验室
中国科学院上海有机化学研究所	化学转化方法学、化学生物学、有机新材料创制科学	生命有机化学国家重点实验室
		金属有机化学国家重点实验室
		中国科学院有机氟化学重点实验室
		中国科学院天然产物有机合成化学重点实验室
		中国科学院有机功能分子合成与组装化学重点实验室
		中国科学院能量调控材料重点实验室
中国科学院上海硅酸盐研究所	高性能结构陶瓷、功能陶瓷、透明陶瓷、陶瓷基复合材料、人工晶体、无机涂层、能源材料、生物材料、古陶瓷及先进无机材料性能检测与表征	高性能陶瓷和超微结构国家重点实验室
		中国科学院特种无机涂层重点实验室
		中国科学院透明光功能无机材料重点实验室
		中国科学院无机功能材料与器件重点实验室
		中国科学院能量转换材料重点实验室

（续表）

科研院所	研究方向	重点实验室
中国科学院上海药物研究所	重点围绕治疗恶性肿瘤、心脑血管系统疾病、神经精神系统疾病、代谢性疾病、自身免疫性疾病及感染性疾病等开展新药研发，并加强现代中药的研发	新药研究国家重点实验室
		中药标准化技术国家工程实验室
		中国科学院受体结构与功能重点实验室
中国科学院上海微系统与信息技术研究所	充分发挥电子科学与技术、信息与通信工程两大学科优势，解决智能感知微系统、超导量子器件与电路、高端硅基材料等方向的重大关键科学和技术难题	传感技术联合国家重点实验室
		信息功能材料国家重点实验室
		微系统技术重点实验室
		中国科学院太赫兹固态技术重点实验室
		中国科学院无线传感网与通信重点实验室
		中国科学院高端硅基材料工程实验室
中国科学院上海光学精密机械研究所	强激光技术、强场物理与强光光学、空间激光与时频技术、信息光学、量子光学、激光与光电子器件、光学材料	强场激光物理国家重点实验室
		高功率激光物理联合实验室
		中国科学院量子光学重点实验室
		中国科学院空间激光信息传输与探测技术重点实验室
		中国科学院强激光材料重点实验室
中国科学院上海技术物理研究所	以红外光电新材料、新器件、新方法等作为主要研究方向，重点发展先进的航空航天有效载荷、红外凝视成像及信号处理、红外焦平面及遥感信息处理等技术	红外物理国家重点实验室
		传感技术联合国家重点实验室（光传感器专业点）
		中国科学院红外成像材料与器件重点实验室
		中国科学院红外探测与成像技术重点实验室
		中国科学院空间主动光电技术重点实验室

（续表）

科研院所	研究方向	重点实验室
中国科学院上海高等研究院	以先进光源大科学装置的研制、建设和运行为核心，开展加速器科学、光子科学、能源科学与信息科学领域的原始创新研究和关键核心技术研发，支撑前沿科学研究，为战略性新兴产业提供核心技术和集成技术解决方案	张江实验室
中国科学院微小卫星创新研究院	主要从事小卫星与微、纳、皮卫星及相关技术的科学研究、技术开发和科学实验	
中国科学院上海营养与健康研究所	慢性病防控与健康促进、精准营养与食品安全、生物医学大数据与健康智库	中国科学院肿瘤与微环境重点实验室
		中国科学院营养代谢与食品安全重点实验室
		中国科学院计算生物学重点实验室
中国科学院分子细胞科学卓越创新中心	生命科学前沿基础研究与应用基础研究	分子生物学国家重点实验室
		细胞生物学国家重点实验室
		上海市分子男科学重点实验室
中国科学院分子植物科学卓越创新中心	聚焦植物遗传、发育、生理及其与环境互作的重大基础科学问题及科技前沿	植物分子遗传国家重点实验室
		中国科学院合成生物学重点实验室
		中国科学院昆虫发育与进化生物学重点实验室
中国科学院脑科学与智能技术卓越创新中心	致力于神经科学基础研究的各个领域，包括分子、细胞和发育神经生物学、系统和认知神经科学，以及脑疾病机理和诊治手段研发	神经科学国家重点实验室
		中国科学院灵长类神经生物学重点实验室
中国科学院上海巴斯德研究所	聚焦病原微生物基本生命活动规律、重大传染性疾病的致病机制	中国科学院分子病毒与分子免疫重点实验室
中国医药工业研究总院（上海医药工业研究院）	主要从事药物新品种新工艺的研发和服务、药学领域研究生培养	

（续表）

科研院所	研究方向	重点实验室
中国科学院声学研究所东海研究站（上海声学实验室）	水声导航技术、水声定位技术、水声探测技术、超声应用技术、数字通信及信息处理技术和医疗声学技术	

资料来源：根据公开资料整理。

二、新型研发机构

上海一直致力于建设一批战略性、前瞻性的新型研发机构，以满足国家和上海的科技创新战略和任务需求。2023 年上海市政府工作报告提到，上海新型研发机构达到 17 家，数量方面占比尚不及全国 1%。目前，上海市新型研发机构主要包括李政道研究所、上海期智研究院、上海清华国际创新中心、上海浙江大学高等研究院、上海树图区块链研究院、上海国际人类表型组研究院、上海脑科学与类脑研究中心、上海量子科学研究中心、上海国家应用数学中心、张江复旦国际创新中心、同济大学上海自主智能无人系统科学中心、上海张江数学研究院、上海处理器技术创新中心等。

第三节　高水平研究型大学

党的十八大以来，以习近平同志为核心的党中央始终坚持把教育作为国之大计、党之大计，作出加快教育现代化、建设教育强国的重大决策。我国高等教育事业取得历史性成就、发生格局性变化，越来越多的高校和学科进入世界一流行列，成为重大科技突破的生力军，产出了一系列对国家安全和整体发展至关重要的"从 0 到 1"的原创成果。在高等教育方面，上海持续实施"双一流"建设和国家大学科技园建设的政策配套支持，引导部属高校紧密对接国家战略和上海城市发展战略，上海的高水平研究型大学在学科建设、人才培养、科学研究和社会服务等方面取得了显著进展。

一、"双一流"建设

近年来，上海加快推进高水平研究型大学建设，健全"创新人才培养—基础研究—服务国家战略"三维互融的科研组织模式，建设教育、科技、人才集聚的新高地，不断推进教育链、人才链、创新链、产业链紧密衔接，不断推动高水平研究型大学积极发挥创新"火种"的作用。表 2-3 列出了上海"双一流"大学和"双一流"学科名单。

表 2-3　上海"双一流"大学及"双一流"学科名单

序号	学校	类别	"双一流"学科建设名单
1	复旦大学	一流大学 A 类	哲学、应用经济学、政治学、马克思主义理论、中国语言文学、外国语言文学、中国史、数学、物理学、化学、生物学、生态学、材料科学与工程、环境科学与工程、基础医学、临床医学、公共卫生与预防医学、中西医结合、药学、集成电路科学与工程

（续表）

序号	学校	类别	"双一流"学科建设名单
2	上海交通大学	一流大学 A 类	数学、物理学、化学、生物学、机械工程、材料科学与工程、电子科学与技术、信息与通信工程、控制科学与工程、计算机科学与技术、土木工程、化学工程与技术、船舶与海洋工程、基础医学、临床医学、口腔医学、药学、工商管理
3	同济大学	一流大学 A 类	生物学、建筑学、土木工程、测绘科学与技术、环境科学与工程、城乡规划学、风景园林学、设计学
4	华东师范大学	一流大学 A 类	教育学、生态学、统计学
5	华东理工大学	一流学科建设	化学、材料科学与工程、化学工程与技术
6	东华大学	一流学科建设	材料科学与工程、纺织科学与工程
7	上海海洋大学	一流学科建设	水产
8	上海中医药大学	一流学科建设	中医学、中药学
9	上海外国语大学	一流学科建设	外国语言文学
10	上海财经大学	一流学科建设	应用经济学
11	上海体育大学	一流学科建设	体育学
12	上海音乐学院	一流学科建设	音乐与舞蹈学
13	上海大学	一流学科建设	机械工程
14	上海科技大学	一流学科建设	材料科学与工程
15	海军军医大学	一流学科建设	基础医学

资料来源：根据公开资料整理。

二、国家大学科技园

上海拥有多个国家大学科技园，这些国家大学科技园依托各自的大学资源，致力于促进科技成果转化、培育高新技术企业和高层次创新人才，为区域经济发展和行业技术进步提供重要的支持。表 2-4 列出了上海市国家大学科技园名单。

表 2-4　上海市国家大学科技园名单

序号	单位名称	区县	地址
1	复旦大学国家大学科技园	杨浦区	杨浦区国泰路 11 号
2	上海交通大学国家大学科技园	徐汇区	徐汇区虹桥路 333 号 209 室
3	同济大学国家大学科技园	杨浦区	杨浦区国康路 100 号
4	东华大学国家大学科技园	长宁区	长宁区新华路 365 弄 6 号 7 号楼
5	上海大学国家大学科技园	静安区	静安区延长路 149 号
6	华东理工大学国家大学科技园	徐汇区	徐汇区华泾路 1305 弄 18 号
7	华东师范大学国家大学科技园	普陀区	普陀区金沙江路 1006 号
8	上海理工大学国家大学科技园	杨浦区	杨浦区翔殷路 128 号
9	上海财经大学国家大学科技园	杨浦区	杨浦区纪念路 8 号 6 号楼 208 室
10	上海电力大学国家大学科技园	杨浦区	杨浦区长阳路 2588 号电力科技园
11	上海工程技术大学国家大学科技园	长宁区	长宁区仙霞路 350 号科创楼 1118 室
12	上海海洋大学国家大学科技园	杨浦区	杨浦区军工路 318 号 5 号楼
13	上海体育大学国家大学科技园	杨浦区	杨浦区恒仁路 350 号
14	东华大学国家大学科技园	长宁区	长宁区金钟路 658 弄 10 号楼
15	上海第二工业大学国家大学科技园	宝山区	宝山区吴淞街道同济支路 199 号

资料来源：根据公开资料整理。

第四节　科技领军企业

科技领军企业是推动科技创新、产业升级和经济发展的关键力量，特别是在发展新质生产力方面，其致力于通过科技创新推动产业创新，优化创新资源配置，促进产业结构性调整，并推动科技创新的高质量供给。科技领军企业在整合创新资源、营造区域创新生态、提升创新体系综合效能等方面发挥着巨大作用。上海高新技术企业是科技领军企业的重要组成部分，是强化国家战略科技力量的重要支撑。

一、上海高新技术企业概况

2023 年 7 月，上海市第十六届人大常委会第四次会议听取了《关于开展实施科教兴国战略、增强科技自立自强能力综合执法检查情况的报告》。《报告》显示，上海加快企业技术创新主体培育，2022 年，上海高新技术企业突破 2.2 万家，累计支持科技小巨人（含培育）企业超过 2600 家，专精特新企业达到 4942 家。截至 2022 年末，上海企业已在科创板上市 78 家，融资额 2033.40 亿元，总市值 1.42 万亿元，居全国第一。

二、2023 年上海"百强高企"

2023 年 9 月，上海社会科学院应用经济研究所、上海市科技创业中心、上海工程技术大学联合发布了"2023 上海高新技术企业创新百强榜"（简称"百强高企"），旨在全方位呈现上海高新技术企业的创新发展水平，树立标杆引领企业，推动高企实现更高质量发展。

在这个榜单上，排名前十的企业依次是：上海汽车集团股份有限公司、上海寻梦信息技术有限公司（拼多多）、上海华为技术有限公司、上海海思技术有限公司、中芯国际集成电路制造（上海）有限公司、腾讯科技（上海）有限公司、展讯通信（上海）有限公司、上海商汤智能科技有限公司、上海联影医疗科技股份有限公司、中国石油化工股份有限公司上海石油化工研究院。

2022 年，上海高新技术企业的数量稳中求进，突破了 2.2 万家。自 2018 年以来增幅达到 200% 以上，在全国城市中位列第二，每万户企业法人中的高新技术企业占比排名全国第一。在科技创收能力方面，上海高新技术企业 2022 年总营收 4.38 万亿元，企均净利润 3030.50 万元。

"百强高企"创新标杆特征凸显：以不足全市高新技术企业 0.5% 的数量比重，拥有全市 2.2 万多家高新技术企业 32.92% 的发明专利，贡献了全市高新技术企业 35.80% 的研发投入和 33.46% 的净利润，就业人数占全市高新技术企业的 9.08%。

"百强高企"中，集成电路、生物医药、人工智能三大先导产业企业占比 74%，六大重点产业企业占比 91%，显示出对上海 "3+6" 产业的创新引领作用。"百强高企"中有民营企业 61 家，其研发投入达到 367.13 亿元，研发强度为 11.46%，体现出积极的创新投入意愿。

2022 年，432 家高新技术企业共获得 459.7 亿元风险投资。截至 2023 年 8 月，在国内 IPO 市场的上海高新技术企业有 238 家，全市占比 55.22%，总市值达到 2.93 万亿元。截至 2023 年 8 月，上海高新技术企业中共有 83 家成功登陆科创板，占全市科创板上市企业总量的 97.65%。

第五节 其他在沪国家战略科技力量

国家实验室、国家科研机构、高水平研究型大学和科技领军企业是国家战略科技力量的重要组成部分，综合性国家科学中心、国家重大科技基础设施、上海大科学工程、国际大科学计划和工程、高质量孵化器等在国家战略科技力量体系中也发挥了重要作用。

一、张江综合性国家科学中心

聚焦张江，打造国家战略科技力量中的"上海张江"。

上海张江国家自主创新示范区。上海张江高新区，原名上海高新区。1991 年 3 月，国务院批准漕河泾新兴技术产业开发区为全国首批国家高新区之一；自 1992 年，上海陆续将知识经济集聚的区域纳入上海市级高新区范围，先后成立张江高科技园、金桥园等高科技园区；高新区从 1 园、2 园、6 园、8 园、12 园、18 园，到目前的 22 园，总面积 531 平方千米，覆盖全市 16 个行政区。2006 年 3 月，国务院批准上海各高科技园整体更名为"上海张江高新区"。2011 年 1 月，国务院批复同意支持上海张江高新技术产业开发区建设国家自主创新示范区，赋予张江深化改革、先行先试的使命。

在 30 多年的建设发展中，张江高新区以推动自主创新、转型发展为核心，着力构建科技创新生态体系、大力培育新兴产业、面向全球集聚高端人才、先行先试各项改革措施，不断创新体制机制，努力成为上海创新发展的重要引擎和创新型国家战略的示范区域，是上海建设具有全球影响力的科技创新中心核心载体和先行先试区域。

目前，张江高新区拥有 1700 余家研发机构，300 余家公共服务平台；近 7 万家科技创新型企业，其中高新技术企业 3982 家；从业人员 220 万人左右；有效发明专利 5.91 万件。已经形成生物医药、信息技术、节能环保、高端装备制造、新材料、新能源、新能源汽车、文化科技融合产业和现代服务业 9 大产业集群。

上海张江综合性国家科学中心。2014 年 5 月，习近平总书记在上海考察时提出，上海要加快向具有全球影响力的科技创新中心进军。2016 年 2 月，国家发改委、科技部批复同意建设上海张江综合性国家科学中心，要求把"建设（上海张江）综合性国家科学中心作为上海全面贯彻落实创新驱动发展战略、深入开展全面创新改革试验、加快建设具有全球影响力的科技创新中心的关键举措和核心任务"。中心实行理事会领导下的自主管理、科学家决策运行机制，理事长由国务院分管领导担任。其主要任务是通过加强基础研究，增强创新策源能力，以建设高水平研究机构、重大科技基础设施和重大科技项目为依托，提升我国在交叉前沿领域的源头创新能力和科技综合实力，代表国家在更高层次上参与全球科技竞争与合作。

2021 年 9 月发布的《上海市建设具有全球影响力的科技创新中心"十四五"规划》进一步明确：要加快提升张江综合性国家科学中心的集中度和显示度，立足国家重大战略需求，组织优势力量，围绕张江综合性国家科学中心建设，持续开展重大原创性布局攻关，发挥重大科技基础设施对原创科技成果产出的关键支撑作用，加速形成科学发现新高地。以全球视野、国际标准推进张江综合性国家科学中心建设，依托国家实验室、重大科技基础设施集群等战略科技力量，在若干重点领域，形成战略性、前瞻性、变革性、基础性、系统性重大创新，着力形成重点领域核心基础原创能力；提升张江科学城标杆地位，加速集聚创新资源，加快重大项目建设，争取先行先试改革，推进张江科学城成为全球科技创新策源地、高端产业增长极、创新生态共同体和国际都市示范区；进一步提升张江国家自主创新示范区在科技创新中心建设中的主战场地位，增强自主创新能力，推进产业高端化，形成特色突出、协同发展的一区多园发展格局，率先成为全国创新驱动发展示范区和高质量发展先行区。聚焦张江，推进科技创新中心承载区建设，打造国家战略科技力量中的上海品牌。

二、国家重大科技基础设施

目前上海建成、在建和规划建设的国家重大科技基础设施共计20个，其中建成11个、在建4个、规划建设5个，总投资规模约350亿元，涵盖光子、物质、生命、能源、海洋等多个领域，设施数量、投资金额和建设进度均达全国领先水平。表2-5列出了目前上海建成和在建的国家重大科技基础设施概况。

表2-5　上海建成和在建的国家重大科技基础设施概况

设施	建设情况	概况
上海光源一期	建成	高性能的中能第三代同步辐射光源。一期工程包括一台150 MeV直线加速器、3.5 GeV增强器、432米周长的储存环、首批7条光束线站及其配套的公用设施

（续表）

设施	建设情况	概况
上海超级计算中心	建成	国内第一个面向社会开放，资源共享、设施一流、功能齐全的高性能计算公共服务平台。目前拥有"魔方Ⅲ"3.4P（FP64）高性能计算机和"魔盒Ⅰ"100P（FP16）人工智能平台
国家蛋白质科学研究（上海）设施	建成	旨在成为具有国际竞争力的蛋白质科研设施中心，同时拥有国际一流的蛋白质科学设施平台，以保障国内外科研用户的高效实验平台及高质量科研设施的需求
神光Ⅱ高功率激光实验装置	建成	是由中国科学院与中物院联合研制的一台高能量聚变激光器，8束激光输出，输出口径Φ240 mm，输出能量总和6 kJ/1ns，最高输出功率1013 W
国家肝癌科学中心	建成	国家肝癌科学公共服务平台、国家学术交流和高层次肝癌研究人员培养基地，为肿瘤的综合性和个性化治疗提供理论基础，努力推动技术创新和成果的转化
上海超强超短激光实验装置	建成	又称"羲和激光装置"，建设有极端条件材料科学研究平台、超快亚原子物理研究平台、超快化学与大分子动力学研究平台三个用户实验终端
X射线自由电子激光试验装置	建成	探索两级外种子自由电子激光级联模式，以确定硬X射线自由电子激光装置发展的技术路线，解决并掌握关键技术，进行人才与技术储备，为我国建设硬X射线自由电子激光装置作预先研究
上海软X射线自由电子激光装置	建成	由射频电子直线加速器驱动的X射线自由电子激光（FEL）装置是具有可工作于整个X射线波段区的高亮度、短脉冲、可调谐的新型相干X射线光源
上海光源线站工程（光源二期）	建成	2023年9月19日，上海光源线站工程通过工艺验收，标志着项目全部建设任务圆满完成

（续表）

设施	建设情况	概况
转化医学国家重大科技基础设施（上海）	建成	以肿瘤、代谢性疾病、心脑血管疾病三类重大疾病转化研究，药物、试剂、材料有效性验证，大型高端医疗装备关键共性技术转化应用为目标进行设计建设的规模化、集成化、系统性综合研究设施
活细胞结构与功能成像等线站工程	建成	充分发挥自由电子激光优良特性，开展物理、化学、生物及材料等研究，为用户提供高水平的研究平台
硬 X 射线自由电子激光装置	在建	关键核心部件研制取得突破，部分样机完成测试验收。1 至 5 号工作井隧道全线贯通
国家海底科学观测网	在建	海底科学观测网监测与数据中心进入主体结构施工阶段；东海海底观测子网启动用海申请
高效低碳燃气轮机实验装置	在建	已完成土建施工，部分厂房已验收，并进入单体调试阶段
磁—惯性约束聚变能源系统关键物理技术项目	在建	

资料来源：根据公开资料整理。

三、上海大科学工程

上海在建设具有全球影响力的国际科技创新中心进程中，以上海光源为代表的一批大科学设施建设取得了重大进展，展现出了上海在全球大科学设施建设方面的领先地位。表 2-6 列出了目前上海大科学工程与国际典型大科学设施的人员规模对比情况。

表2-6　上海大科学工程与国际典型大科学设施的人员规模对比情况

	设施	依托单位	人员规模（人）
国内	上海光源	中国科学院上海高等研究院	1015
	上海软X射线自由电子激光装置	中国科学院上海应用物理研究所	609
	神光Ⅱ高功率激光物理实验装置	中国科学院上海光学精密机械研究所	958
	上海65米射电望远镜（天马望远镜）	中国科学院上海天文台	375
	国家蛋白质科学中心（上海）	中国科学院上海高等研究院	1015
	转化医学国家重大科技基础设施	上海交通大学及其医学院附属医院	—
国外	大型强子对撞机	欧洲核子研究组织	2500
	先进光源	劳伦斯伯克利国家实验室	4200
	国家同步辐射光源Ⅱ	布鲁克海文国家实验室	3000
	斯坦福同步辐射光源	SLAC国家加速器实验室	1500
	散裂中子源	橡树岭国家实验室	4600
	国家强磁场实验室	洛斯阿拉莫斯国家实验室	10402

资料来源：常旭华，《上海发起或参与国际大科学计划和大科学工程的路径和运作方式》，《科学发展》2021年第7期。

就上海大科学工程与国际典型大科学设施的人员规模对比来看，上海大科学工程的人员规模偏小，反映出在相关科研领域科技人员储备不足，与国际水平还存在一定差距。

四、国际大科学计划和工程

在国家战略的牵引下，上海积极牵头发起和参与国际大科学计划和工程，助力提升中国国际科技合作的能级和影响力。在新时代，我们要更加主动地融入并影响全球创新大潮，在开放合作中提升自身科技创新能力。一方面，要提升科技自主创新能力，在优势领域继续深耕，夯实国际合作基础。另一方面，要以更加开放的思维和举措推进国际科技交流合作。要聚焦气候变化、海洋保护、人类健康等共性问题，加强同各国科研人员的联合研发，不断推动构建人类命运共同体。表2-7列出了上海牵头发起和参与国际大科学计划和工程的基本概况。

表2-7　上海牵头发起和参与国际大科学计划和工程的基本概况

项目名称	概况
平方公里阵列射电望远镜（SKA）国际大科学工程	主导完成SKA专项国内配套项目细化方案，协助组建中国SKA区域中心工作组并启动一批预研项目；承办第4届中国SKA科学年度研讨会
海洋生物圈整合研究科学计划	华东师范大学与海洋生物圈整合研究（IMBeR）科学计划签署合作备忘录，华东师范大学承设IMBeR国际项目办公室
"全脑介观神经联接图谱"国际大科学计划	中国工作组正式成立，前期工作成功开展；与欧、美、日等13个国际科研机构签订合作协议
国际大洋发现计划	支持同济大学积极参与国际大洋发现计划（IODP），自主组织航次并建设运行IODP岩芯库实验室，使中国成为与美日欧并列的国际大洋钻探牵头方之一
国际人类表型组计划	支持复旦大学发起国际人类表型组计划，建立国际人类表型组学研究平台

资料来源：根据公开资料整理。

五、高质量孵化器

高质量孵化器是以全球一流孵化人才为核心牵引，具备硬科技创新策源、颠覆性科技成果转化、高成长科技企业孵化和全要素资源整合能力的高水平创新创业服务机构。2023 年，上海市政府办公厅印发《上海市高质量孵化器培育实施方案》，《方案》提出目标：到 2025 年，培育不少于 20 家高质量孵化器，示范带动不少于 200 家孵化器实现专业化、品牌化、国际化转型升级；与高新技术开发区、特色产业园区等联动发展，孵化培育 1 万家科技型中小企业、2000 家高新技术企业、300 家瞪羚企业、100 家科技小巨人企业和一批面向全球，拥有自主、前沿、颠覆性技术的硬科技企业；带动形成若干孵化集群，打造 2—3 个千亿级产值规模的"科创核爆点"，初步建成全球科技创新企业首选落户城市。

目前，上海首批 7 家市级高质量孵化器已启动建设，分别是 ATLATL 飞镖创新研发中心、莘泽智星港、中科创星（上海）、璞跃中国、XNode 创极无限、新微创源、奇绩创坛上海校友中心。

第三章
协同创新理论研究与国际经验分析

改革开放以来，中国科技发展历经数十年的改革与探索，从实践摸索到理论框架建立再到深度拓展，逐步形成了产学研协同创新的理论体系。早期阶段，通过科技体制改革和产学研合作，解决科研与生产脱节问题，推动科技成果向现实生产力转化。进入理论框架建立阶段后，国家更加重视自主创新和协同创新，推出一系列政策如973计划和2011协同创新计划，推动产学研合作向深层次、广范围发展，形成多元主体协同创新格局。国际经验分析中，借鉴了演化增长理论、三重螺旋创新理论、开放式创新理论和创新生态系统理论等，揭示了创新过程中不同参与者之间的复杂互动关系及其对经济增长的影响。上海作为科技创新的重要基地，其发展历程和创新模式为中国乃至全球的协同创新实践提供了有益参考。

第一节　协同创新理论研究状况

随着全球化的加深，企业、国家和地区之间的竞争日益激烈。为了在竞争中保持优势，协同创新理论应运而生，旨在通过合作提高创新效率和质量。协同创新理论的研究背景是应对现代社会经济发展的需求，促进多主体、多领域、多层次的创新合作，以实现技术突破和经济增长。协同创新理论关注如何通过跨组织合作来整合资源，共同攻克技术难题，强调知识共享和转移的重要性，以促进知识的创造和应用，为不同国家战略科技力量主体提供了与外部伙伴合作、共同创新的战略思路，同时，协同创新理论也为相关政策的制定和实施提供了理论支持。本节梳理了我国科技发展和协同创新发展历程，总结了协同创新机理，有利于明晰国家战略科技力量的协同创新机制研究。

一、我国科技发展与协同创新发展历程

新中国成立 70 多年来的科技发展，是一幅波澜壮阔的画卷。从起步阶段的艰难探索到如今步入世界科技强国的行列，中国科技发展不仅在实践层面取得了显著成就，而且还在理论探索和构建上也实现了重大突破。协同创新理论方面，同样凝聚多个阶段的理论积累和探索，从早期的实践尝试到逐渐形成的理论框架，都为我国创新体系的构建和发展注入了新的活力和思路。我国科技发展与协同创新的发展可以概括为以下三个主要阶段。

（一）初期实践探索阶段（1978 年至 1996 年）

1978 年党的十一届三中全会的召开，开启了改革开放和社会主义现代化建设新时期，这一历史性转折也为中国的现代化创新历程奠定了基础。这次全会不仅调整了国家的经济战略，更重要的是，它改变了国家对于科学技术发展的态度和政策，将科技创新放在了经济社会发展的核心位置，提出"科学技术是生产力"的战略思想。而在此之前，1978 年 3 月召开的全国科学大会成为一个重要的里程碑，被誉为"科学的春天"。这次全国科学大会的重要意义在于，它重新确立了科学技术在国家发展中的核心地位，强调了科学技术对于提升国家综合国力和生产力水平的重要作用，明确指出中国知识分子是中国工人阶级的一部分，鼓励广大科技人员积极投身于科学研究和技术创新。

1985 年发布的《中共中央关于科学技术体制改革的决定》是中国科技体制改革的重要文件，它标志着中国科技体制开始向更加市场化和开放化的方向转型。随着这一决策的实施，中国的技术引进方式也发生了显著变化。最初，技术引进主要是通过购买国外的整套设备等硬件技术的方式进行，这种方式虽然能够迅速提升国内生产能力和技术水平，但存在技术依赖性强、自主创新能力提升有限等问题。因此，逐步转变为更加注重资金与技术相结合的外国直接投资形式，这种方式不仅涉及技术引进，还包括资本输入、管理经验交流等多个方面，有利于促进国内产业升级和经济结构调整。1992 年，中国正式提出了"以市场换技术"的战略，这一战略的核心思想是通过开放市场，利用中国庞大的市场潜力吸引外国投资，以此为契机引进先进技术和管理经验，促进国内技术水平的提升和产业结构的优化。这标志着外国直接投资成为新时期技术引进的主要方式。通过开放和改革，中国成功地将外来的资金、技术和管理经验转化为国内经济发展的重要动力，实现了从技术引进到自主创新的转变。

我国协同创新理论探索与科技体制改革相呼应。在这一时期，我国面临着改革开放进程中科研与生产脱节的严重问题。为了解决这一问题，邓小平同志于 1985 年明确提出将产学研合作纳入科技体制改革的重要议程中。随后，在 1992 年，国家经贸委、教育部和中国科学院共同启动了"产学研联合开发工程"，以推动产学研合作为特点，从而为国家经济发展提供科技支撑。此后，国家开始关注"科技成果转化"和"研发合作"等议题，并明确提出了鼓励企业、高等院校、研究院共同合作的方针，推动联合创办高新技术企业和共建研究开发中心。这一实践尝试催生了对产学研协同创新的早期研究，包括合作模式、动因、影响因素等。比如郭晓川提出"大学—企业合作技术创新行为"，这是一种在高技术与快速变化的市场条件下，以科学知识的生产和应用为核心，由大学和企业共同参与和协同展开的社会过程。[1] 要促进校企合作创新行为的发生和发展，需要从宏观结构层切入，实施"宏观结构性推进"战略，重组国家的科学、产业链接网络，重构校企的合作关系，并同步营造出与之相匹配的研究文化、创新组织模式和创新过程模式以及相适应的政策、法律环境。然而，在这个阶段，政策和研究重点主要集中在如何有效地将科研成果转化为企业技术应用上，对于产学研协同创新的理论体系和实践经验的系统性研究尚未形成。

　　上海自 20 世纪 80 年代中期以来的科技发展策略和举措，体现了上海在推动科技创新和经济高质量发展方面的前瞻性和决心。如1986 年制定的《上海市科技发展规划（1986—2000 年）》是上海科技发展历程中的一个关键文献，它不仅为上海市的科技发展定下了长

---

[1]　郭晓川：《高等学校科技成果转化研究现状评述》，《研究与发展管理》1996 年第 3 期。

期目标，也明确了发展的重点领域和具体措施。规划提出建设国家级
高新技术开发区、科技园区和科技市场，这些措施旨在为科技创新提
供物理空间、政策支持和市场导向，从而促进科技成果的转化和产业
的升级。1990年启动的"九五"科技攻关计划，将集成电路、生物
工程、新材料、新能源等领域作为科技发展的重点，这些领域的选择
反映了上海对未来科技和产业发展趋势的准确判断。通过对这些领域
的重点支持，上海不仅在国内科技进步中发挥了领头羊的作用，也为
自身建设现代化经济体系奠定了坚实基础。1993年成立的上海市科
技创新中心，标志着上海市政府对科技创新管理和协调机制的重视。
该中心负责协调和管理全市的科技创新活动，推动科技与经济的深度
融合。通过有效的政策协调和资源配置，上海市科技创新中心促进了
科技创新生态系统的建设，为上海乃至中国的科技进步和经济发展作
出了重要贡献。通过这些政策的实施，上海成功吸引了大量的人才和
投资，培育了众多的高新技术企业，形成了一批具有国际竞争力的科
技成果和产业集群。

（二）理论框架建立阶段（1996年至2005年）

中国科技发展历程中的自主创新转型是一个渐进且系统的过程，
这一阶段的核心目标是解决长期以来存在的"科技与经济脱节"现
象，即科技成果很难转化为实际的经济增长点，以及科技活动与经济
发展需求之间的不对称问题。进一步深化科技体制改革，重点在于创
新机制和体制，以促进科技成果的转化和应用。这包括推动科研机构
和高等院校的科研成果向市场化方向发展，建立和完善知识产权保护
制度，鼓励和引导私营企业参与科技创新，以及通过政策支持和资金

投入激发企业的创新动力。面对国际市场上新颖产品的涌入，以及核心技术大多掌握在外方手中的现状，中国开始加大对自主基础性研究的投入和支持。这一转变体现在 1997 年启动的《国家重点基础研究发展规划》（即 973 计划）上。973 计划的目标是加强原创性创新，提升国家在关键领域和前沿科技上的自主创新能力，支撑国家长远发展的战略需求。

在自主创新的同时，协同创新成为推动中国科技进步和产业升级的另一大动力，通过关于协同创新理论的研究，人们逐渐认识到提升国家自主创新能力不仅仅是企业、大学和科研机构单独能力的简单叠加，更需要不同要素之间的协同与整合。创新合作模式涵盖了企业与高等教育机构的协同努力，通过成立联合实验室，充分利用大学的知识资源、国内企业与国际伙伴之间的共同研发项目，以及跨国公司在海外成立研发中心以接触全球智力资本。这些活动基于网络化和整合战略构建的战略联盟，在加深公司间联系的同时，也为协同创新提供了坚实基础。通过在特定地区形成紧密相连的产业集群，拥有完备的产业链，这些措施进一步加快了创新步伐，显著提升了我国在科技创新领域的能力。上海浦东新区的开发开放，对上海乃至中国的经济发展和对外开放具有里程碑意义。张江高科技园区位于上海浦东新区，被誉为"中国的硅谷"，是上海乃至全国科技创新的重要基地。园区聚焦电子信息、生物医药、新能源与环保等高新技术产业，吸引了包括跨国公司研发中心、国家实验室、创新创业企业在内的多种科技创新主体。

在这一背景下，一系列学者的研究勾勒出我国产学研协同创新理论的雏形。研究开始关注合作的动机、组织模式、合作绩效评价等方面，形成了初步的理论体系。例如，佟晶石采用技术哲学和技术社会学的分析框架，运用非线性的逻辑方法，探讨了产学研合作创新的发展过程和实际效果，提出了产学研合作创新三方主体互相尊重和互换角色的理念。[1]柳卸林提出"中国技术创新系统"，认为中国技术创新系统是一个由政府、企业、高校、科研机构、中介组织等多种主体参与的复杂网络，强调了政府在技术创新系统中的引导和支持作用，同时也指出了政府干预的弊端和风险。[2]王成军探讨了官产学伙伴关系的形成原因和影响要素，包括制度背景、市场动力、知识特征、信任基础等，并提出了优化官产学伙伴关系的措施，包括建设官产学协作平台、制订官产学合作指导、激发官产学合作动力和能力等。[3]以上研究都为我国产学研协同创新思想的形成奠定了基础。

（三）理论拓展与深化阶段（2006年至今）

2006年1月，中共中央和国务院发布的《关于实施科技规划纲要增强自主创新能力的决定》，是中国科技发展历程中另一个重要里程碑。该决定不仅进一步明确了走自主创新道路的战略方向，也标志着中国建设创新型国家战略决策的正式实施。党的十七大报告进一步明确了自主创新的内涵，指出自主创新包括原始创新、集成创新以及引进消化吸收再创新三个方面。这一战略指导思想为中国的创新探索提供了清晰的路线图，强调了创新不仅仅是原创性研究，更包括了对现有技术的深化和拓展，以及通过国际合作与技术交流促进技术进步

---

[1]　佟晶石：《对产学研合作创新的认识》，《财经问题研究》2002年第11期。

[2]　柳卸林：《搭建学术平台扩散学术成果》，《科学学与科学技术管理》2005年第6期。

[3]　王成军：《初探大学—产业—政府三重螺旋》，《宁波大学学报》（人文科学版）2005年第4期。

和知识创新的重要性。这种全面的创新观念，为中国科技发展扫清了认识上的障碍和误区，确立了一条融合自主性与开放性、原创性与集成性的创新发展道路，为中国转型为创新型国家和建设科技强国奠定了坚实的基础。

2013 年，党的十八届三中全会提出了建立产学研协同创新机制的要求，产学研协同创新正式进入了体制和制度建设的阶段。与此同时，教育部和财政部启动了 2011 协同创新计划，为促进协同创新提供了政策支持。学界积极响应国家政策，开始大量涌现关于创新型经济、创新思想、知识产权、高等教育质量、产学研联合培养等主题的文献，反映出学界对国家宏观政策的热情响应。迈入"十四五"发展新征程，《中华人民共和国国民经济和社会发展第十四个五年规划和 2035 年远景目标纲要》明确提出："以国家战略性需求为导向推进创新体系优化组合，加快构建以国家实验室为引领的战略科技力量。"在此规划期间，中国进一步强调了以国家战略需求为导向，推进创新体系的优化组合，特别是加快构建以国家实验室为引领的战略科技力量，这表明了国家对于科技创新在社会经济发展中核心作用的认识达到了新的高度。这一战略布局旨在通过顶层设计优化科技资源配置，促进科学研究与经济社会需求更紧密地结合，加速科技成果的转化应用，以支持国家的长远发展和国际竞争力的提升。当前，随着国际形势的变化和国内发展，国家战略科技力量的协同创新面临新的挑战和需求。这包括更加注重跨学科和跨领域的协作，加强科技创新与经济社会发展的深度融合，以及提升创新驱动发展的质量和效率等。

上海在科技创新与协同创新方面持续深化改革，自 2016 年以来采取了一系列重要政策和举措，加快构建全面开放、协同高效的科技创新中心。上海自贸试验区临港新片区的设立标志着中国自贸试验区建设进入了新的发展阶段。临港新片区于 2019 年 8 月正式揭牌，位于上海市浦东新区的东南部，紧邻洋山深水港和上海浦东国际机场，具有独特的地理优势和交通便利性。新片区的总体规划面积约为 119.5 平方千米，旨在通过更高水平的对外开放，推动形成全面开放新格局。通过整合国内外资源，构建开放合作的创新体系，促进了科技成果的转化和产业的快速发展。

在这个时期，企业和学研机构之间的合作关系逐渐从单向联系转向依托双方现有创新资源进行联合研发创新。在国家政策的引导下，学界积极响应，协同创新联盟、技术创新体系、组织模式、收益分析、路径选择及战略意义等成为研究的热点。这个阶段的研究为产学研协同创新提供了一定的知识基础和理论支持。例如，陈钰芬和陈劲通过对 209 家中国创新型企业的问卷调查数据进行分析，并运用结构方程模型，深入探讨了开放式创新的内在机制及其对企业创新绩效的影响路径。研究发现，开放式创新主要通过整合外部的市场信息和技术资源来补充企业内部在创新方面的资源短缺，从而有效提升企业的创新绩效。[1] 孙卫等关注了产学研联盟的利益共享和风险共担，强调其正式而非合并的合作性质。[2] 刁丽琳和朱桂龙从产学研联盟的治理机制出发，深入探讨契约和信任在促进大学与科研机构知识向企业转移中的作用，对于提高我国企业的技术能力具有极其重要的意义。基于初步案例分析的基础，该研究运用大样本实证研究方法，从

---

[1] 陈钰芬、陈劲：《开放式创新促进创新绩效的机理研究》，《科研管理》2009 年第 4 期。

[2] 孙卫、王彩华、刘民婷：《产学研联盟中知识转移绩效的影响因素研究》，《科学学与科学技术管理》2012 年第 8 期。

更细致的维度出发，深入剖析了契约和信任在不同类型知识转移过程中的直接影响及其相互作用。[1]于娟强调了产学研联盟在资源整合、技术攻关、优势互补和合作共赢方面的作用。[2]这些研究不仅有助于理解产学研联盟的概念和特征，还提供了有关其运作方式、影响因素以及对创新和产业发展的贡献的深入洞察。

二、协同创新的机理

国家实验室、国家重点实验室、国家级科研机构、高水平研究型大学及科技领军企业，构成了国家战略科技力量的核心。在科技创新的大科学时代背景下，这些不同实体间的协同创新成为增强国家战略科技力量的关键途径。随着科技创新向更加开放和集成的方向发展，传统的孤立创新模式已无法满足现代创新的复杂需求，也不符合国家战略科技力量的发展方向。因此，激发和释放各个创新主体的潜能，通过协同创新协调各方资源共同解决大问题，显得尤为关键。协同创新的推进需要以国家战略科技力量为引领，目标是维护国家安全与促进长期发展，以应对重大需求和战略任务为方向，借助市场机制搭建起一个由各方参与、共同推进的协同创新体系。

（一）主体协同

主体协同是创新活动的重要特征和驱动力，对提高创新效率和质

---

[1] 刁丽琳、朱桂龙：《产学研联盟契约和信任对知识转移的影响研究》，《科学学研究》2015 年第 5 期。

[2] 于娟：《产学研联盟稳定性研究》，哈尔滨工程大学博士学位论文 2016 年。

量至关重要。主体协同是指在创新过程中，不同的创新主体之间通过协作、协商、协调等方式，实现资源共享、知识交流、能力提升、价值创造的过程。在过去，提及产学研合作往往指的是企业、大学和科研机构之间的技术商业化活动，仅涉及产、学、研三方的合作。然而，协同创新理论强调创新活动不仅限于创新要素内部的互动合作，也需关注内外部要素的协同作用。技术创新活动不应仅仅停留在产、学、研三方的简单结合，而应吸引多个主体的参与，形成新型战略联盟，以提升合作绩效。因此，产学研协同创新需要企业、高校、科研机构等三大主体投入各自的优势资源和能力，还需要政府、科技中介机构、金融机构等相关主体的协同支持。在这一模式中，企业、高校和科研机构负责技术开发，政府通过法规和政策进行引导和激励，科技服务中介机构提供相关信息服务，金融机构提供资金支持，通过多方协作共同完成技术开发和技术商业化活动。[1] 主体协同的类型和模式可以根据创新主体的性质、数量、关系、目标等维度进行分类。例如，根据创新主体的性质，可以分为政府—企业—高校—研究院（四方）协同、企业—高校—研究院（三方）协同、企业—企业（二方）协同等；根据创新主体的关系，可以分为垂直协同、水平协同、混合协同等。影响因素和机制可以通过激励约束、信任合作、知识共享、风险分担等途径，促进或制约主体协同的发生和发展。主体协同的影响因素和机制可以从微观和宏观两个层面进行分析。微观层面主要关注创新主体的特征、动机、行为和能力等；宏观层面主要关注制

---

[1] Chesbrough H. W., *Open Innovation: The New Imperative for Creating and Profiting from Technology*, New York: Harvard Business Press, 2003, p.103.

度环境、市场竞争、技术变革等。[1]

（二）目标协同

目标协同被视为产学研协同创新的前提和基础，是指在创新过程中，各利益主体有共同的创新目标，以驱动协作的动力。目标协同是实现价值共享和共赢的前提条件，也是保持合作稳定性和持续性的重要因素。例如，企业希望通过产学研合作充分利用高校和科研机构的科技与人才资源，促进产品开发、成果转化，提升产品质量和生产效益。高校期望通过产学研合作更深入地走向社会，提升科技成果的经济效益和社会效益，提高人才培养质量，获得更多社会支持。政府从促进社会经济发展的角度出发，希望通过产学研合作实现科技、教育与经济的无缝对接，增强国家自主创新能力，推进创新型国家建设。[2]目标协同需要各利益主体对产学研合作的价值诉求有清晰的认识，并找到利益结合点，消除合作障碍。目标协同的类型和模式可以根据创新目标的一致性、稳定性、可达性等维度进行分类。

（三）组织协同

组织协同构成了产学研协同创新的核心支撑。在我国，当前的产学研合作主要集中在技术转让、合作开发和委托开发等基础层面，而如共建研发机构和技术联盟等更高层次的深入合作仍然较为罕见。调

---

[1] Powell W. W., Koput K. W., and Smith-Doerr L., "Interorganizational Collaboration and the Locus of Innovation: Networks of Learning in Biotechnology," *Administrative Science Quarterly*, 1996, pp.116—145.

[2] 何郁冰：《产学研协同创新的理论模式》，《科学学研究》2012年第2期。

查数据表明，在我国企业与大学、科研机构的合作创新中，37%的案例涉及常规技术咨询，而33%涉及合同委托开发。然而，在发达国家，产学研合作的历史和现状表明，这种合作已经经历了从技术转让到委托研究、联合开发，最终到共建实体等多个阶段的演进。从最初的技术转让到目前以共建实体为主导的全面介入，共建实体已逐渐取代技术转让、委托研究和联合开发，成为主流的合作模式。[1]

（四）制度环境协同

制度环境协同，作为产学研协同创新的关键制度保障，扮演着引导、规范和协调合作各方行为的重要角色。产学研合作本质上是管理体制创新的一种形式，涉及利益划分、责任界定及合作方式的确立。这些因素依赖于明确的制度环境支持，以保护各合作方权益，激发创新主体积极性。例如，政府提供的研发资金支持旨在降低企业创新成本，鼓励企业增加研发投入。这有助于企业开展更多研究活动，促进技术突破和创新成果产生。健全的知识产权保护体系能够鼓励企业保护其创新成果。政府的创新政策工具通过影响创新投入、保护知识产权、促进合作、国际化和创业支持等途径，有效推动企业创新活动，促进科技进步和经济发展。

（五）资源与知识共享

资源与知识共享在当今社会发挥着至关重要的作用，特别是在合作创新的背景下。资源共享被广泛认为是知识经济的核心，知识共享

---

[1]　洪银兴：《产学研协同创新的经济学分析》，《经济科学》2014年第1期。

是其中的一个重要方面。[1] 资源共享通常被定义为不同组织或个人之间共享有形和无形资源的过程。这些资源有各种形式，包括金融资产、设备、人力和信息。财政资源对支持合作创新，提供研发资金、奖励机制和风险分担至关重要。财政资源的缺乏或不平衡会影响协同创新的势头和有效性。时间资源对于确保合作效率、缩短研发周期和获得市场竞争优势至关重要。人力资源是基础，提供专业知识、技术技能和创新思维。提供先进仪器、设施和平台的设备资源是协同创新的必要条件。对某些类型资源的需求大大限制了潜在合作伙伴的数量。通过与他人合作，企业可以获得来自各个领域的专业知识，从而丰富其技术储备。这种资源的互补性使合作伙伴能够共同创造新的知识和技术，从而提高整体创新能力。高校通常拥有尖端的科学研究和专业知识，可以通过合作实现资源共享，从而带来更具竞争力的创新。同时，高校和研究机构通常拥有先进的技术知识和研究经验，许多研究成果可以转化为商业价值。他们可能会依靠企业资源来实现其研究目标。通过合作，这些组织可以汇集各自的优势，形成综合创新能力。

第二节 协同创新国际经验分析

协同创新理论的发展与演进是对传统创新理念的深化和扩展，它

---

[1] 涂振洲、顾新：《基于知识流动的产学研协同创新过程研究》,《科学学研究》2013 年第 9 期。

反映了创新活动从封闭向开放转变的趋势，并且凸显了跨界合作在促进技术进步和经济增长中的核心作用。从约瑟夫·熊彼特（Joseph Schumpeter）初步提出的创新理论，到现代协同创新理念的形成，学界对于创新的理解经历了深刻的变革。协同创新理念的出现凝聚了系统性思维，与技术创新模式从封闭向开放的演变密切相连。这一理念不仅对自主创新内涵进行了深化和丰富，还折射出了当前学界关于创新改革与发展的研究趋势。

一、理论源泉与研究回顾

（一）演化增长理论

演化增长理论是纳尔逊（Nelson）和温特（Winter）在20世纪80年代初提出的，旨在解释企业行为和市场变化的动态过程。[1] 该理论在他们的著作《经济变迁的演化理论》中作了详细阐述，提供了一种不同于传统经济学假设（如完全理性和市场均衡）的视角来理解经济发展和技术进步。演化增长理论的创新之处在于将技术变迁和企业行为视为演化过程的核心，强调企业在寻找最有利可图技术的过程中的适应性和变异，以及技术创新和扩散如何推动经济增长。该理论通过技术变迁的演化逻辑来解释工业革命以来不同国家和地区之间经济增长的差异。

道格拉斯·诺斯（Douglass North）引入制度变迁的视角，认为

---

[1] Nelson R. R., *An Evolutionary Theory of Economic Change*, New York: Harvard University Press, 1985.

政治和经济制度对经济绩效有极大影响，但简单移植西方制度模式到其他地区并非经济成功的充分条件。[1]诺斯的观点突破了新古典主义经济学对制度因素的忽视，指出制度创新对于避免不良制度陷阱的路径依赖至关重要。尽管制度变迁理论在解释经济增长中制度作用方面取得了进展，但它也面临着未能全面整合制度、技术和人口等因素相互作用的批评。对此，纳尔逊等演化经济学家提出，技术与制度应被视为经济增长中的协同演化力量，而非孤立发展的元素。这种协同演化视角为理解经济增长提供了一个更为综合和动态的分析框架。演化增长理论及其对技术变迁和制度变迁的综合分析，为理解经济发展和经济增长提供了丰富的理论资源。

（二）三重螺旋创新理论

三重螺旋结构，最初源自生物学领域，于1995年被埃兹科维茨（Etzkowitz H.）和劳德斯多夫（Leydesdorff L.）引入到人文社会科学中。他们不仅介绍了链式创新理论和三元创新理论等非线性模型，还指出这些模型在创新动力机制方面的局限性，并据此提出了三重螺旋创新理论。[2]该理论采用一种螺旋型非线性网络创新模型，深入探讨了知识商品化不同阶段间、不同创新机构之间的复杂互动，即在高校、产业和政府三者之间，围绕经济发展的核心需求，通过长期的正式与非正式合作与交流，建立了一种密切协作、相互作用的新型关

[1]　North D. C., *Institutions, Institutional Change and Economic Performance*, New York: Cambridge University Press, 1990.

[2]　Etzkowitz H., Leydesdorff L., "The Triple Helix-University-Industry-Government Relations: A Laboratory for Knowledge Based Economic Development," *EASST Review*, Vol.14, No.1, 1995.

系，形成了三种力量交叉影响、螺旋上升的"三重螺旋"创新理论。

三重螺旋理论衍生出不同的互动模式，包括国家社会主义模式、自由放任模式和重叠模式。在国家社会主义模式中，政府在创新过程中扮演着主导角色，不仅制定研发议程，还积极参与或控制大学和产业的活动，呈现出自上而下的创新引导方式，常见于政府在研究和产业部门有大量干预的经济体。相反，自由放任模式代表了一种市场主导的途径，高校、产业和政府之间的互动被最小化，创新过程主要由市场力量和私营部门推动，政府的角色仅限于为创新创造有利条件，这一模式在高度重视自由市场和私营部门自治的经济体中较为常见。而重叠模式或混合模式采取了一种更为均衡的方法，高校、产业和政府部门之间存在相互重叠与互动，共同促进创新过程，同时各保持其独特身份。这种模式通过伙伴关系、合资企业和合作研究项目，展现了一种综合性创新方法，常见于那些寻求平衡与协同创新途径的经济体。

三重螺旋理论下的每种模式都提供了独特视角，解释了高校、产业和政府之间的相互关系如何构建创新格局与经济发展。模式的选择通常反映了一个国家或地区的历史、文化和经济背景。这一理论框架强调了在创新生态系统中实现动态平衡的重要性，为促进科技创新和经济增长提供了有力的策略和见解。

（三）开放式创新理论

开放式创新是美国哈佛大学商学院切萨布鲁夫（Henry W. Chesbrough）教授提出的新理论。开放式创新，作为封闭式创新的对立面，强调了在当今快速变化的市场环境和技术革新背景下，企业应如何有效地整合内外部资源，促进创新活动。封闭式创新理论认为创新活动主要在企业内部进行，依赖于企业自身的研发资源和能力。在这种理论下，企业重视拥有并控制研发过程中产生的知识产权，以确保其竞争优势。企业通过内部研发，发明新技术，然后通过自己的生产、营销和销售渠道将其商业化。这一模式在 20 世纪的大部分时间里都非常成功，贝尔实验室就是一个典型的例子。开放式创新理论则认为其不仅来源于企业内部，也可以来源于企业外部。企业不仅可以利用内部的想法，还可以利用外部的想法和技术，同样，企业不仅可以将自己的技术在内部市场化，也可以将其通过许可、合资企业、销售等方式在外部市场化。开放式创新的关键在于企业如何有效地管理和利用外部资源，以及与外部实体的合作关系，以加速创新过程和增强其商业价值。这种模式强调的是"孔隙化"的企业边界，即企业边界是可以穿透的，允许知识和资源的双向流动。随着全球化和技术进步的加速，尤其是信息技术的广泛应用，开放式创新成为企业竞争和成长的重要策略。企业越来越认识到，通过打开创新的边界，与外部世界的各种创新主体进行合作，能够为自身带来更多的创新机会和商业价值。开放式创新强调的是在保持核心竞争力的同时，如何有效地利用和整合外部资源，这是当今企业创新管理的关键。

（四）创新生态系统理论

创新生态系统理论指向一种包含了全面合作创新支持体系的群体，它利用群体内部成员的多样性，通过协同创新，实现价值创造，建立了一个相互依存和共生演进的网络关系。这种生态系统的构成要素是多方面的，反映了创新生态系统的复杂性和多维性。根据达沃斯世界经济论坛在 2014 年发布的《中国创新生态系统》年度报告，创新生态系统的关键要素包括：可进入的市场、人力资本、融资及企业资金来源、导师顾问支持系统、监管框架和基础设施、教育和培训、重点大学的催化作用、文化支持。以上这些要素共同构成了创新生态系统的基础，通过这些要素的相互作用和协同，创新生态系统能够促进知识的产生、传播和应用，加速新技术、新产品和新服务的开发，最终推动经济增长和社会进步。对于处于不同发展阶段的国家和地区而言，如何根据自身条件合理构建和优化创新生态系统，是实现创新驱动发展战略的关键。

根据国内研究成果，创新生态系统作为一种涵盖企业、高校、科研机构、政府及金融和科技中介服务机构等多元化参与主体的复杂网络结构，已成为推动技术革新、知识创造和经济发展的关键机制。这一生态系统通过其内部组织之间基于网络的深入协作和互动，实现了人力资源、科技信息、资金等创新要素的深度整合和优化配置，促进了创新因子的高效汇聚和流动。在此框架下，企业作为创新的主导力量，通过开放式创新策略，不仅依赖内部研发资源，更积极寻求与高校和科研机构的合作，以获取前沿科学成果和技术；同时，政府通过制定促进创新的政策、提供资金支持及建设良好的基础设施，为生态系统创造了一个有利的外部环境；金融及中介服务机构则通过提供资金融通和专业咨询服务，降低了创新活动的市场和技术风险。这种基于网络协作的创新生态系统不仅为其内部各主体带来了价值创造的机会，而且通过促进新技术的产生和应用，实现了整个网络乃至社会经济体的可持续发展。此外，创新生态系统内部的多样性和开放性也为应对复杂多变的市场环境和技术挑战提供了灵活性和适应性，使之成为促进现代经济增长和社会进步的重要动力。因此，深入理解和优化创新生态系统的结构与运作机制，对于提升国家和地区的创新能力、加速经济转型升级，以及应对全球经济竞争具有重要的理论和实践意义。

二、国际协同创新经验与启示

在过去几十年中，协同创新这一崭新的合作范式，在将科学创新与技术商业化巧妙融合的同时，引发了全球范围的广泛瞩目。这种合作模式不断发展演进，正逐渐迈向跨区域、国际化和网络化的新境界。国际上很多国家，尤其是发达国家，都有成功的协同创新案例。

（一）德国"工业 4.0 计划"

德国科技创新体系的构建体现了一套完整、高效、高度协调的机制，其中，企业、高等教育机构、国家研究机构及非营利性科研组织在明确分工的基础上，实现了创新主体间的紧密合作。政府部门在这一体系中扮演着关键角色，通过立法、规划、管理和监督等职能，确保了创新过程的顺利进行。高校和科研机构与企业之间的协同作用，尤其是在工程技术、制造业和科学研究等领域，展现了德国产学研合作模式的成效，进一步促进了创新和技术的发展。值得一提的是德国"工业 4.0 计划"的实施，其通过政府和工业界的共同努力，推动了制造业的数字化转型，将信息技术、通信技术与现代管理理念有机结合，利用物联网、大数据、云计算等技术驱动制造业创新。德国在产学研合作方面的特有模式。例如，大众汽车集团（Volkswagen）与不来梅大学的"AutoUni"项目，不仅提供了覆盖汽车工程、技术管理等多个领域的培训课程，还促进了大众汽车集团与学界的深入合作。

西门子与慕尼黑工业大学之间的合作则在数字化、工业自动化等前沿技术领域取得了显著成就，共同培养了未来的科技人才，并推进了数字化解决方案的开发。巴斯夫与马普研究所的合作模式更是体现了产学研协同创新的高效模式，双方在新材料和化学工艺研究方面取得了突破性进展。

德国科技创新体系的成功得益于其特有的制度框架，尤其是对就业政策和限制企业间竞争的细致调控，促成了以提升产品质量为核心的渐进式创新模式。德国的产业政策不仅注重关键技术的开发和突破，也着力优化创新环境，加快技术成果向产业的转化速度，缩短创新产品商业化的周期。这种深入整合人力、技术、信息和资本等创新要素的创新生态系统，为网络中的各个主体带来了价值创造，实现了可持续发展，成为全球科技创新与产业发展的典范。

（二）美国"硅谷模式"

硅谷坐落于美国加利福尼亚州，其成功背后依赖的是一个高度协调和复杂的创新生态系统。根据《2023 年硅谷指数》揭示，2022 年硅谷及旧金山地区初创企业数量、专利申请数量及估值超过 10 亿美元的独角兽企业数量均显示出蓬勃的创新活力，其中硅谷和旧金山地区的风险投资总额占到了加利福尼亚州乃至全美的绝大部分，展现了其在全球创新经济中的核心地位。

硅谷地区拥有多所世界著名的高等教育机构，如斯坦福大学、加州大学伯克利分校、加州理工学院和圣何塞州立大学。这些高校拥有卓越的工程学和计算机科学系，培养了许多硅谷的科技创新领袖。科研机构方面，硅谷创新研究院是一个专注于研究硅谷地区创新和科技生态系统的机构，研究分析硅谷的初创企业、大型科技公司、风险投资、高等教育机构和创新政策等因素，发布有关硅谷创新趋势和最佳实践的报告和白皮书。硅谷研究中心专注于硅谷的科技创新和创业生态系统的研究，为学者和企业家提供有关硅谷模式的信息和数据。20世纪 50 年代以来，硅谷已经孕育了惠普、英特尔、甲骨文、苹果、雅虎、谷歌、特斯拉等高科技企业。

硅谷的成功可以归因于其独特的创新生态系统，其中两个核心要素尤为关键：一是高密度的高校与研究机构。这些机构不仅是创新思想和前沿技术研究的源泉，而且还致力于与企业界的深入合作。通过这种合作，研究成果能够迅速转化为具有市场潜力的实际应用，极大地促进了技术创新和产业发展。二是充足的风险投资和包容的创业文化。硅谷以其活跃的风险投资市场而闻名，为初创企业提供了从种子阶段到成熟阶段所需的资金支持。与此同时，硅谷的创业文化鼓励创新和容忍失败，为创业者提供了一个无畏挑战、勇于探索的环境。这种文化和资金的双重支持，构成了支撑创新和技术商业化的关键因素。

（三）芬兰信息通信技术联盟

芬兰被广泛认为是当今世界上的一个杰出的创新型国家。在 20世纪 90 年代初，芬兰就开始构建适应本国经济发展需要的创新机制，经过不断的实践、调整和完善，如今已经建立了一套相对完整的自主创新系统，涵盖了教育和研发投入、企业技术创新、创新风险投资以及提升企业出口创新能力等方面。特别值得一提的是，芬兰信息通信技术联盟（FITA）作为一个重要的组织枢纽，它通过促进行业内的创新与合作，巩固了芬兰在全球科技和数字经济领域的竞争地位。

FITA 的成功在于其能够跨越不同部门，整合政府、企业、教育机构和研究中心的力量，推动知识共享、技术融合，并加速创新成果的产业化，从而创造了一个可持续发展的创新生态系统。

芬兰的创新生态系统特别强调产学研三方的紧密结合，这种协同合作模式不仅显著提升了研发项目的质量，而且促进了科技成果的快速转化和产业化。在这一体系中，政府不仅扮演着规划、管理和监督的角色，更通过资助研发项目和重大技术开发项目，直接参与到创新过程中，从而有效地激发了企业和研究机构的创新动力。芬兰国家技术开发中心和芬兰国家创新基金会（Sitra）等机构，在这一过程中扮演着至关重要的角色，它们通过提供资金支持和融资贷款，降低了创新活动的风险，促进了高科技企业的成长和发展。此外，风险投资作为创新体系的重要组成部分，政府在其中扮演的角色不容忽视，它为新兴的高科技企业提供了宝贵的资金支持，帮助这些企业在竞争激烈的市场环境中站稳脚跟。

在芬兰的创新生态系统中，持续的研发投入和对创新人才的系统培养被视为保持国家创新动力和确保科技及产业竞争力持续增长的关键因素。这种长期的投入和支持，不仅为技术革新和产业发展奠定了坚实的基础，也为其他国家和地区在构建自己的创新生态系统时提供了重要的启示。芬兰的经验强调了全面创新体系的必要性、跨部门合作的价值、政府在创新过程中的积极作用、对研发活动的持续投入及创新人才培养的重要性，这些因素共同构成了推动一个国家科技创新和经济发展的核心要素。通过这种全方位、多层次的创新驱动模式，芬兰不仅在全球科技竞争中赢得了一席之地，也为世界各国追求创新发展提供了宝贵的经验和启示。

以上三种不同的协同创新模式——德国"工业4.0计划"、美国"硅谷模式"和芬兰信息通信技术联盟，虽然各具特色，但共同展示了协同创新在促进科技进步和经济增长中的强大动力。提炼这些模式的核心特点可总结为以下四点：一是政府的引导与支持。政府在推动协同创新中扮演着至关重要的角色，不仅通过财政补助、税收优惠、立法和规划来促进科技创新，还通过建立桥梁连接企业、学术机构和投资界，确保科技创新生态系统的活跃和高效。政府的政策支持为创新提供了有力的外部条件和必要的资源保障。二是产学研用的紧密结合。无论是德国的"工业4.0计划"、硅谷的科技创新，还是芬兰的协同创新模式，都强调了产学研用之间的紧密合作。这种跨领域的协作机制促进了知识共享、技术转移和人才流动，加速了科技成果的产业化过程，提高了创新效率和质量。三是风险投资与创业文化的培育。充足的风险投资、鼓励创新与容忍失败的创业文化是支持创新和技术商业化的关键。硅谷的案例特别强调了风险资本在促进初创企业成长和技术创新中的作用。培育包容失败的创业文化，激发创新者的潜能和创造力，是建立创新生态系统的重要组成部分。四是国际合作与开放创新。在全球化的今天，国际合作和开放创新成为推动科技进步的重要途径。通过与国际伙伴的合作，吸引外国直接投资，引进国际先进技术和管理经验，可以提升国内科技创新的水平，增强国际竞争力。

第三节　国家战略科技力量对协同创新的作用和影响

国家战略科技力量是指一个国家在科技领域内，为实现国家战略目标、维护国家安全、提升国际竞争力和影响力所拥有的关键科技能力和资源的总和。这包括国家的科研机构、高等教育机构、核心技术、领先企业及其创新能力等。战略科技力量的核心在于支撑国家面对未来发展和国际竞争的需求，保障国家安全，推动社会进步和经济发展。贾宝余等提出，建立一个既符合中国国情又能借鉴国际经验的国家战略科技力量协同机制，是增强国家战略科技力量和提升国家创新系统效率的关键。[1]通过将国家战略科技力量分为综合型、专业型、集群型和市场型四种主要类型，我们可以清晰地界定每一类力量的功能定位，并在此基础上，构建一个高效的协同共生管理模型，从而促进不同类型力量之间的优势互补和有效协作。申金升等认为要实现高水平的科技自立自强，国家战略科技力量是不可或缺的关键，而新型举国体制提供了实现这一目标的有效途径。[2]攻克关键核心技术是国家战略科技力量追求的主要目标，而一个高效的创新体系则是实现这些目标的基础环境。作为创新体系中具有特殊性质的主体，国家战略科技力量的协同发展能力和效率直接关系到国家创新能力的整体提升。在深入探讨战略科技力量的使命任务和科技创新体系的内涵基础上，从技术、产业、区域和国家四个创新维度出发，分析了国家战略科技力量协同发展中存在的问题、其角色功能以及协同创新模式路径，提出了四种主要的协同类型：任务导向的雁阵协同、系统导向的链式协同、功能导向的集群协同及使命驱动的开放协同，并在此基

[1]　贾宝余、董俊林、万劲波等：《国家战略科技力量的功能定位与协同机制》，《科技导报》2022年第16期。

[2]　申金升、梁帅、张丽等：《科技创新体系视角下国家战略科技力量协同发展模式研究》，《今日科苑》2022年第11期。

础上提出了相应的对策建议。王世春等以江苏省战略科技力量建设现状为例，研究了军民科技协同创新平台建设对培育国家战略科技力量的借鉴意义并提出了对策建议。[1] 其认为江苏省战略科技力量储备不足，体系尚不完善，资源配置能力较弱，创新动力仍需加强，进一步对协同创新平台建设提出对策建议，提出需强化军民科技协同创新对国家战略科技力量的支撑作用。

国家战略科技力量在协同创新中发挥着至关重要的作用，对推动科技进步、实现经济社会发展目标以及增强国家综合竞争力产生深远影响。具体而言，国家战略科技力量在协同创新中的作用和影响体现在以下四个方面。

第一，引领创新方向，突破关键核心技术创新。

国家战略科技力量在科技发展领域起着至关重要的引领作用，通过精准定位科技进步的关键领域和前沿趋势，其不仅体现了国家科技发展的方向，还能有效集聚各类资源，专注于解决影响国家经济社会进步的核心技术难题。这一力量通过策划和执行重大科技项目，针对那些能够带来广泛社会和经济影响的"卡脖子"问题进行攻关，力求实现关键核心技术的重大突破。这样的突破不仅能够显著提升国家在全球科技竞争中的地位，还能增强国家的自主创新能力，推动科技自立自强，为国家的持续发展和长远利益奠定坚实的科技基础。

第二，促进资源整合，推动重大技术装备产业发展。

---

[1] 王世春、藏艳秋、常伟等：《强化军民科技协同创新平台建设对江苏国家战略科技力量培育的对策建议》，《未来与发展》2022年第5期。

通过协同创新机制，国家战略科技力量实现了政府、企业、高等教育机构以及研究所等多方科技资源的高效整合，共同构筑起强大的科研合作网络。这种跨界合作的模式，不仅显著提高了科技创新成果的转化速度和应用范围，而且有效推动了关键技术装备和高新技术产业的快速发展。更重要的是，它强化了产业链和供应链的自主性与可控性，为国家经济安全和技术安全提供了有力保障。这种资源的深度融合和协同创新，是提升国家科技创新能力、实现科技强国梦想的关键途径。

第三，建设高水平企业孵化器，提升创新质量和效率。

国家战略科技力量在推动创新发展方面采取的关键措施之一，即通过赞助和建立一系列高水平企业孵化器，为新兴企业和科技中小企业创造了优越的发展环境。这些孵化器作为创新的加速器，不仅向初创企业提供必要的资金支持、技术指导和管理咨询，还搭建了一个促进企业间合作与交流的平台，有效提升了创新的质量与效率。此外，孵化器还极大地加速了科技成果向市场的转化，帮助这些企业更快地实现商业化，从而加速了整个社会的技术更新和产业升级。通过这种方式，国家战略科技力量不仅促进了经济的高质量发展，还为构建创新型国家奠定了坚实的基础。

第四，开展国际科技竞争，增强国际竞争力。

在全球科技创新的激烈竞争格局中，国家战略科技力量扮演着至关重要的角色。它通过深度参与国际科技合作与竞争，不仅成功引进了国际上的先进技术和管理知识，从而显著提高了国内的科技创新能力，而且显著增强了国际竞争力。这种参与机制有助于拓展国家在全球科技领域的影响力，提高国家在国际科技竞争中的话语权。通过这种方式，国家战略科技力量不仅推动了国内科技水平的提升，也为国家赢得了更大的国际声望和影响力，进一步确立了其在全球科技创新体系中的地位。

第四章
上海协同创新现状、特点与成功案例

　　上海的创新要素集聚程度位居全国前列，其所背靠的长三角地区是我国综合实力最强、创新要素集聚程度最高、创新链条布局最均衡、产业配套基础较好的腹地。在新时代，上海要在国家战略布局中谋划发展蓝图，在中央对上海发展的战略定位和要求中谋划未来发展，继续当好全国创新发展的先行者，进一步发挥国家重大战略的牵引优势，加快向具有全球影响力的科技创新中心迈进，在全球科技竞争中更好地参与国际合作与竞争，助力国家更好实施科技自立自强发展战略。本章综述了上海在国家战略科技力量强化和协同创新方面的积极探索与实践。上海凭借其优越的创新资源集聚和长三角地区强大的腹地支撑，在国家科技创新战略中扮演着关键角色。在政策层面，上海不断深化科技体制改革，出台一系列政策文件和创新举措。

第一节　上海协同创新现状

当今世界正处于百年未有之大变局，科技创新已成为影响世界格局重构的关键变量，新一轮科技革命和产业变革对科技创新发展提出了更高的要求，越来越多国家将科技创新作为增强国家综合实力的最主要支撑。当前，我国诸多关键产业发展面临着"卡脖子"风险，关键领域存在的科技短板已成为束缚我国经济高质量发展的桎梏，亟须实现科技创新领域的突破。习近平总书记指出，要强化国家战略科技力量，有组织推进战略导向的体系化基础研究、前沿导向的探索性基础研究、市场导向的应用性基础研究，注重发挥国家实验室引领作用、国家科研机构建制化组织作用、高水平研究型大学主力军作用和科技领军企业"出题人""答题人""阅卷人"作用。

率先探索和建立在沪国家战略科技力量为主导的协同创新机制，是新时代上海国际性科技创新中心建设的要求，对上海强化国家战略科技力量和更好发挥在沪国家战略科技力量作用、坚持创新在我国现代化建设全局中的核心地位、加快实现高水平科技自立自强，至关重要。在大科学时代的科技创新，每一个国家战略科技力量都是国家创新体系的组成部分，"单打独斗"和"包打天下"的科创模式都不适应创新发展的现实需要，也不符合国家战略科技力量的发展定位。如何更好地释放各类主体的创新动能、激发各类主体的创新活力，协调各方集中力量办大事，都需要各类国家战略科技力量的协同创新。

一、协同创新政策演变

上海积极探索协同创新的方式方法和途径。2009 年，为了改进因应用研发机构转制为企业后上海在应用技术研究方面存在的薄弱环节，上海市政府办公厅转发了市科委等五个部门制定的《关于进一步加快转制科研院所改革和发展的指导意见》，建议建立新型研究机构，并对其承担的社会功能予以扶持。[1] 到 2019 年，国家科技部发布了《关于促进新型研发机构发展的指导意见》，虽然支持新型研发机构发展成为工作重心，新型研发机构内涵及其相关政策举措也发生了变化，但核心仍是协同。也可以说，新型研发机构是协同创新的重要载体形式。

2011 年，上海提出"五位一体"的科技创新体系，即"一体"是指创新主体，包括高校、科研院所和企业，而企业又是科技创新的主体，"五位"是指科技金融、研发与转化、优先区域、协同创新、政策支持。[2][3] 这一时期，体现了协同的理念，但还是相对松散的协同创新，"五位"对企业、高校、科研院所的作用相对有限，这一阶段强调的是企业、高校、科研院所三类主体之间相互借力，必须借助"五位"进行协同。它的使命是实现科技创新的效率提升，其最终目标是实现经济增长、就业、生活水平改善等。

---

［1］ 周密、胡清元：《区域科技创新政策协同的多维度文本分析——基于京津冀和长三角的异质性视角》，《首都经济贸易大学学报》2022 年第 6 期。

［2］ 王志超、曲文强、许晓辉：《我国高校协同创新研究的热点、前沿与发展趋势——基于 Cooc 与 CiteSpace 的可视化分析》，《中国高校科技》2023 年第 12 期。

［3］ 吴寿仁：《改革开放以来上海科技体制改革历程》，《科技中国》2020 年第 8 期。

2012年，"五位一体"创新体系的内涵进一步深化。其中"一位"是协同创新，是指国家创新型产业集群、上海产业技术创新战略联盟、创新热点。在研究与转化方面，主要是建设上海研发公共服务平台，共享科研数据、科技文献、仪器设备，保障资源条件，合作试验基地，提供专业技术、行业检验、技术转让、创业孵化服务等，其中的核心理念也是协同。政策支持是指税收优惠政策、财政扶持政策、人才政策、咨询指导、培训。优先区域是指上海张江高新技术产业开发区、上海紫竹高新技术产业开发区，国家级产业化基地、国家大学科技园。这一时期对创新体系的认识，为上海科技创新"十三五"规划的编制奠定了良好基础，将"培育良好创新生态，激发全社会创新创业活力"摆在首位。"五位一体"创新体系形成了相互之间的作用机制。政府、市场和社会多方努力，促进企业、高校和科研院所协同创新。[1]

2015年4月，上海开展科技创新券的试点发放，这是协同创新的一项重要政策举措。"创新券"是指通过政府对企业、科研团队购买的科技创新服务发放配额凭证。它的目的是进一步鼓励高校、研究机构和企业在一些重要的环节上共享科研仪器资源，购买诸如文献情报服务、技术筛选服务、价值评估服务、技术交易等方面的科技咨询服务。通过盘活科技资源，推动上海科创中心的建设，形成创业创新的良好环境。

2019年3月，上海发布了《关于进一步深化科技体制机制改革

---

[1]　樊霞、陈娅、贾建林：《区域创新政策协同——基于长三角与珠三角的比较研究》，《软科学》2019年第3期。

增强科技创新中心策源能力的意见》《"科改 25 条"》；同年 4 月，市
科委等六部门共同下发了《关于促进新型研发机构创新发展的若干规
定（试行）》，指出上海新型研发机构是一种不同于传统科研机构，
具有灵活开放的体制机制、高效的经营机制、健全的管理制度、灵活
的用人机制等，为上海新型研发机构的发展提供了依据。除上述提到
的外，协同创新还包括多项支持政策，表 4-1 列出了上海主要的协同
创新支持政策。

表 4-1　上海主要的协同创新支持政策

阶段	代表性政策名称	政策发文	途径	政策内容	政策覆盖面	其他政策
第一阶段	"五技"合同政策	《技术合同认定登记管理办法》	认定登记技术合同	给予奖励和税收优惠	法人和其他组织	重点实验室、工程技术研究中心建设
第二阶段	创新券	《上海市科技创新券管理办法》	由管理中心进行审核	给予一定的使用额度	企业、团队	支持科创载体建设
第三阶段	新型研发机构	《上海市研发与转化功能型平台管理办法》《上海市新型研发机构备案与绩效评价管理办法（试行）》	备案、登记	根据评价结果和上一年研发投入给予差异化的补助金额、人才落户	非营利新型研发机构	高新技术企业认定及税收优惠政策、企业研发费用加计扣除、科技"小巨人"工程

二、协同创新路径探索

新型举国体制。推动以国家战略科技力量为主导的协同创新，需
要健全新型举国体制实施路径。要充分发挥社会主义市场经济条件下
上海新型举国体制优势，促进国家实验室、国家科研机构、高水平研

究型大学和科技领军企业突破关键核心技术，组织实施好重大科技任务，强化基础研究，推动解决一批"卡脖子"问题，统筹推进补齐短板和锻造长板，着力增强产业链供应链自主可控能力。

这一机制的典型代表是中国商飞公司在上海建设大飞机创新谷，以 C919 大型客机产业发展和科技创新为牵引，累计有 75 所国内外高校通过 1300 余项科研合作参与了大飞机技术攻关，建立了多专业融合、多团队协同、多技术集成的协同创新平台。大飞机的问世可以说是新型举国体制的重大成果，具有很多值得借鉴推广的先进经验。

2011 协同创新中心。2011 年 4 月 24 日，胡锦涛在清华大学百年校庆上发表讲话，提出了高校"协同创新"的理念和要求。为落实胡锦涛同志重要讲话精神，教育部、财政部联合发布《关于实施高等学校创新能力提升计划的意见》，启动了继"211 工程""985 工程"之后我国高等教育领域的又一国家战略性计划"中国高等学校协同创新能力提升计划"，即"2011 计划"。该计划对应的"2011 协同创新中心"认定工作相继展开，各高校协同创新中心应运而生。

每个中心都由高校牵头，联合科研院所、行业企业等组成，通过探索建立适应于不同需求、形式多样的协同创新模式，突破高校内部与外部的机制体制壁垒，释放人才、资源等创新要素的活力，从而建立起能冲击世界一流的新优势。2011 协同创新中心以国家急需、世界一流为组建目标，以全方位改革、力求创新为建设要求，这些都很好地与上海建设具有全球影响力的科技创新中心的总体要求相契合。

2013 年，国家首批认定了 14 个 2011 协同创新中心。2014 年，国家第二批 24 个 2011 协同创新中心，上海有 4 个，包括上海交通大学领衔的"IFSA 协同创新中心""高新船舶与深海开发装备协同创新中心""未来媒体网络协同创新中心",以及同济大学领衔的"智能型新能源汽车协同创新中心"。根据上海市教委关于印发《上海市"2011协同创新中心"发展行动计划（2013年—2017年）》的通知，目前我市已布局建设了42个市级协同创新中心，其中38个中心将聚焦服务上海"3+6"重点产业体系，全力破解行业共性技术难题，为产业转型升级提供更大助力。

三、关键核心技术联合攻关

支持重点企业联合攻关，加强底层技术和硬科技研发，支持"链主"企业组织开展技术协同创新。聚焦集成电路、生物医药、人工智能等关键领域，以国家战略需求为引领，推动创新链、产业链融合布局，培育壮大骨干企业，完善深度参与关键核心技术攻关新型举国体制，助推三大领域加快迈向全球创新链、产业链、价值链高端。

集成电路产业：上海已成为国内集成电路产业链最完善、集中度最高、综合技术能力最强的地区之一。到2021年，上海市集成电路产量再次突破300亿块，同比增长19.8%，占全国集成电路产量的10.2%。重点发展高端芯片、关键器件、先进和特色制造工艺、核心装备和材料等领域。截至2022年9月中旬，上海市集成电路产业相关的注册企业超1500家，拥有翱捷科技、晶晨半导体、中芯国际、华虹集团、硅产业集团、上海微电子等代表企业，并形成了以张江科技园为主，以嘉定区、杨浦区、青浦区、漕河泾开发区、松江经开区、金山区和临港地区为辅的"一核多极"空间分布格局。

生物医药产业：上海是我国最具影响力的生物医药产业创新高地

之一。30 多年来，上海生物医药产业从总产值不足 50 亿元，成长为工业产值近 2000 亿元、总规模近 9000 亿元的新兴产业。重点发展化学药品、生物药品、现代中药、医疗器械、药品研发及医疗服务等领域，拥有上海医药、绿谷制药、上海睿智、维亚生物科技、上海美迪西、上海博志研新、微创医疗器械、君实生物医药科技、复宏汉霖生物技术等代表企业。产业主要集聚在浦东新区、金山区、嘉定区和奉贤区。

人工智能产业：上海是中国人工智能发展的领先地区之一，人工智能规模以上企业数已从 2018 年的 183 家增至 2022 年的 348 家，产值实现倍增，从 1340 亿元跃向 3821 亿元。重点发展智能驾驶、智能机器人、智能硬件、智能传感器、智能芯片、智能软件等领域。目前，培育了依图、智臻智能、优刻得、深兰、图麟等一批本土领先企业，并吸引了 BAT、华为、微软、谷歌等国内外龙头企业在沪设立研发基地。产业主要集聚在浦东新区、临港新片区、徐汇区和闵行区。

四、科创中心核心区与承载区协同发展

以张江科学城、临港新片区等重点区域为核心，提升创新浓度和密度，优化科创中心承载区的功能布局，加快建设各具特色的创新要素集聚点和增长极。加快把张江建设成为国际一流科学城。强化张江科学城引领作用，持续推动高水平研究型大学、高能级科研机构、高层次创新创业人才等创新资源要素向张江集聚，加快张江科学城扩区提质、完善功能，不断增强科学策源、技术发源、产业引领等核心功能。率先构建符合创新规律的科技制度体系，深化张江科学城和陆家

嘴金融城双城联动，进一步打响张江科创品牌，支持更多具有国际影响力的科技创新论坛等活动在张江科学城举办，努力建设成为科学特征明显、科技要素集聚、充满创新活力的国际一流科学城。持续发挥张江高新区产业载体功能，统筹资源配置，完善服务机制，提升创新创业生态能级。

强化临港、杨浦、徐汇、闵行、嘉定、松江等关键承载区承接科学技术转移、加快成果产业化等功能，放大创新集成和辐射带动效应。发挥长三角 G60 科创走廊科技和制度创新双轮驱动的先试作用，推动上海、南京、杭州和合肥等中心城市为主要节点的长三角科技创新圈建设，进一步织密区域创新网络。提升大学科技园技术转移、创业孵化服务能力，深化大学校区、科技园区、城市社区的联动融合，依托高校优势打造一批具有一定影响力和品牌效应的大学科技园示范园。鼓励各区进一步发挥资源禀赋和特色优势，加快推进创新要素集聚、创新主体培育、创新生态优化，努力形成活力迸发的全域创新发展格局。

五、区域协同创新成效显著

2023 年 11 月 30 日，习近平总书记在上海主持召开深入推进长三角一体化发展座谈会并发表重要讲话。他强调："深入推进长三角一体化发展，进一步提升创新能力、产业竞争力、发展能级，率先形成更高层次改革开放新格局，对于我国构建新发展格局、推动高质量发展，以中国式现代化全面推进强国建设、民族复兴伟业，意义重大。"上海深入学习贯彻习近平总书记重要讲话精神，在 2024 年 1

月发布的《2023 长三角区域协同创新指数》报告表明，上海科创中心建设为长三角一体化高质量发展注入鲜活动力。2022 年，上海输出长三角技术合同 976.80 亿元，较 2018 年的 172.79 亿元提升了 4.6 倍，占上海对外技术合同输出的比重从 32.34% 提高至 42.63%。2022 年，上海向长三角地区输出专利 3891 件，较 2018 年的 932 件提高了 3.2 倍，上海策源，长三角孵化，已经成为串联创新链、产业链、人才链、资金链跨区域合作的空间新范式，为助推我国高水平科技自立自强提供了长三角模式。

在打造长三角产业发展新引擎中，上海发挥着引领作用、带动作用。加快长三角城市群协同发展是上海在新时代的新一轮改革开放中义不容辞的责任和担当。将上海作为长三角城市协同发展的策源地，以不断增强上海作为长三角世界级城市群的龙头带动作用、集聚辐射效应和国际竞争力。为此，上海在新时代的新一轮改革开放中必须以这一目标愿景为导向，从建设世界级城市群的目标出发，针对突出矛盾和难点，加快制度创新和先行先试，谋划更高质量协同发展的新抓手与突破口，在构建协同创新共同体、打造世界级产业集群、重大基础设施互联互通等领域创新发展思路，为提升城市能级、核心竞争力及参与全球分工、全球竞争和全球资源配置提供主要载体和格局支撑。特别是，以上海建设全球科创中心为引领，构建长三角城市群协同创新共同体，建设具有全球影响力的科技创新高地。瞄准世界科技前沿领域和顶级水平，以创新链和产业链的深度融合、科技和产业的联动发展为目标，着力形成以产业分工为基础的梯度有序的创新体系，力争在上海和长三角聚焦一批重大科技创新工程和创新产业项目，在基础科技领域有大的创新，在关键核心技术领域有大的突破。

以共建长三角城市群区域科创中心为突破口，形成科创活动和协同创新的密集网络系统。在构建长三角城市群协同创新共同体的进程中，应以中心城市为龙头，以科创中心"极点性、层级性、网络性"特征为导向，以推动产业集群发展为目标，着力形成以产业分工和主导产业为基础的区域创新体系。尤其是依托国家重点实验室、工程研究中心、外资研发机构等创新机构，集聚高端创新要素资源，在国际性重大科学发展、原创技术发明、科技成果转化及产业化、高新科技产业培育等关键领域、核心技术方面，促进长三角城市群区域科创中心功能的一体化建设，进而成为全球创新网络的重要枢纽。

第二节　上海协同创新的特点

近年来，国家战略科技力量的能力已实现历史跃升。从企业层面看，我国企业整体科技创新能力持续提升；从高校和科研院所层面看，我国高校、科研院所整体科研能力持续提升，在国际权威高校和科研机构排名中均呈现持续上升趋势。我国科技实力正在从量的积累迈向质的飞跃、从点的突破迈向系统能力提升，科技创新取得新的历史性成就。世界科技强国竞争，比拼的是国家战略科技力量。围绕国家重大战略需求，要进一步强化顶层设计与系统谋划，培育建设一支使命导向、任务驱动、责任明确、动态调整的战略科技力量。围绕重大原始创新和关键核心技术攻关，加强跨部门的资源配置和政策协调支持，以使命为导向、能力为基础、任务为驱动、组织为纽带，促进各类创新主体围绕重大任务紧密协同联动，构建社会主义市场经济条件下关键核心技术攻关新型举国体制，促进重大原创性科技突破和战略产品研发。

一、协同创新使命驱动

新时代，党和国家赋予了上海更大的科技创新使命，在"十四五"规划中，支持上海建成国际科创中心，支持上海张江建成综合性国家科学中心，并已在上海布局了一大批国家重大科技基础设施。上海的创新要素集聚程度位居全国前列，其所背靠的长三角地区是我国综合实力最强，创新要素集聚程度最高、创新链条布局最均衡、产业配套基础较好的腹地。

当前要形成以国家战略科技力量为主导的协同创新机制，就是要充分发挥好在沪国家实验室、全国重点实验室、重大科技基础设施集群、高水平研究型大学、科研院所、新型研发机构及科技领军企业的引领带动作用，聚焦"四个面向"，承担关系国家安全和核心利益的"急难险重"科研任务和未来主导产业关键共性技术、引领科学前沿的重大突破等攻关类研究。国家战略科技力量是围绕完成国家战略任务组织起来的多元联合力量体系，要通过强有力的主导推进和有效的责任机制，保障参与其中的各类科研力量贯彻国家意志，快速响应、高效协同，打造"来之能战，战之能胜"的机动化攻坚部队。

二、协同创新资源丰富

上海正加快建设具有全球影响力的科技创新中心，增强科技创新和高端产业的策源功能，并充分发挥上海科技创新中心龙头带动作用，努力建成具有全球影响力的长三角科技创新共同体，形成创新型国家建设的重要一极。在国家重大战略科技创新平台方面，现有 3 家在沪国家实验室和 35 家全国重点实验室加快建设发展。在重点领域技术攻关方面，上海已制定并正在落实集成电路、生物医药、人工智能"上海方案"。上海协同创新政策不断完善，科技投入水平稳步提高，创新资源要素加快集聚。

三、协同创新主体多元

上海要加快构建以国家科技创新战略使命为导向，具有"核心、主力和参与"三层级结构的战略科技力量体系，更好地完善在沪国家战略科技力量为主导的协同创新机制，强化国家战略科技力量，推动上海建设具有全球影响力的科技创新中心。

一是可支配的核心型力量。核心层是建制化的国家战略科技力量，主要包括独立的国家实验室、国家重点实验室，以及因应国家重大科技攻关任务需求而创设的任务承担主体。核心层以服务国家需求、完成国家任务为根本使命，基本上只承担国家战略科技任务，在国家战略科技任务中起主导、组织和总体推进作用。二是可协同的主力型力量。主力层是任务导向的国家战略科技力量，包括中国科学院系统单位、央属高校院所、国家技术创新中心等具有较强创新能力的法人机构及相关团队。主力层给予稳定支持，并通过定向和竞争课题等方式承担国家战略科技任务中的部分任务。三是可利用的参与型力量。参与层是具有多元多样特点的"千军万马"，包括企业、地方高校院所、新型科研机构组织等。参与层以政府购买服务、委托、招标、承包等各种不同方式参与国家战略科技任务中的相关工作，提供专业领域的研发服务。

四、协同创新生态开放

上海积极打造一个开放包容的协同创新生态体系，打破创新壁垒，促进跨界合作，实现资源共享。鼓励不同领域、不同行业的企业、高校、科研机构等开展合作，促进创新要素的深度融合和优化配置。积极推动高校与企业之间的合作，加强产学研一体化，促进科技成果的转化和应用。同时，鼓励企业与高校、科研机构等共建实验室和研发中心，共同开展科研项目。上海还积极引进和培育高端人才和创新团队，加快推进高水平人才高地建设，加快形成多层次创新人才引育体系，为创新发展提供强有力的人才支撑。

五、协同创新辐射带动

2023年10月，上海移动被授予首批"N"节点协同创新基地，旨在通过协同创新推动虹桥国际开放枢纽的高质量发展。同时，上海积极推动长三角地区的协同创新，加强区域内的合作和资源共享。此外，上海积极发起和参与国际大科学计划和大科学工程，打造开放包容的国际创新合作平台，共同推进基础研究、技术创新、成果转化等方面的联合攻关。

第三节　上海协同创新案例研究

本书课题组深入国家战略科技力量的主体，研究其驱动机制和协同机制，以具有代表性的在沪国家实验室、科研机构、重点高校、高科技企业和科技管理部门等作为调研对象，以问题为导向开展深入调研，获取了有价值的第一手资料。

结合调研单位和相关资料可以看出，国家战略科技力量主导的协同创新机制是以国家战略科技力量为主体，以重大需求和战略使命为导向，以重大任务为载体和以市场机制为纽带，形成的"核心力量—主力力量—参与力量"共同参与的科技攻关机制。在协同创新项目中实现科技水平提升和科技范式变革，是协同创新的重要目标和任务，为此，要构建国家战略科技力量的研发协同机制、建立国家战略科技力量与产业创新发展的协同机制、建设国家战略科技力量与市场化科技成果转化的协同机制、加强国家战略科技力量与长三角地区创新的协同机制、构建在沪国家战略科技力量与上海科技创新中心建设的协同机制。

本书课题组梳理整合出以下几种模式，总结了可借鉴、复制、推广之处。

一、国家实验室

上海某国家实验室以重大科技任务攻关和大型科技基础设施建设为主线，聚集国内外高端科技资源，开展战略性、前瞻性、基础性、系统性、集成性科技创新，实现基础科学原始创新能力新突破和关键核心技术重大发展。建设该实验室，是认真贯彻落实习近平总书记关于建设具有全球影响力科技创新中心重大决策的切实举措，是基于国家科技创新总体布局高度和面向全球科技创新发展态势作出的一项重大部署。这是一项关乎国家战略的系统性、长期性工程，要坚持国际视野、全球标准，瞄准世界科技前沿，以重大科技任务攻关和大型科技基础设施建设为主线，旨在开展更多的战略性、前瞻性、基础性研究，尽快取得一批填补国内空白的重大原创性成果；积极探索符合创新规律的管理运行新机制，提升组织和整合各类创新资源的能力，集聚一大批高层次创新人才。

作为新型科研事业单位，该国家实验室聚焦国家长远目标和重大需求，按照"四个面向"的要求，开展战略性、前瞻性、基础性重大科学问题和关键核心技术研究；以重大科技任务攻关和国家大型科技基础设施建设为主线，探索新型科研机构管理体制和运行机制，培育高端创新人才，推进科技成果转移转化，开展与国内外相关机构和组织交流合作；自觉履行高水平科技自立自强的使命担当，努力打造突破型、引领型、平台型一体化的国家实验室。

国家实验室的使命定位是解决"卡脖子"问题。该国家实验室的协同创新机制主要体现在以下三个方面：

产学研模式特点主要体现在前期由实验室牵头，中后期企业参与，实验室对技术难题方面提供支撑。科技成果方面：共性技术以专利包形式呈现，产品专利为企业所属。具体包括：和高校的合作模式为，科技创新方面高校发论文，实验室以解决问题为目标；和企业的合作模式为，对中小企业的支持，主要是组建专家团队攻克技术难题；充分发挥大装置的技术溢出效应。

在科研管理创新方面：以目标定任务，以任务配资源；坚持问题导向；坚持创新链和产业链融合；实行项目经理人；求真务实的论证立项机制——真需求、真问题、真机制；打移动靶、动态调整机制——价值评估机制。

在创新人才队伍管理方面：以"在人才高地上建人才高峰"为目标，坚持实现"人尽其才、才尽其用、用有所成"的创新体制机制和人才协同发展的融合。

二、中国科学院上海硅酸盐研究所

中国科学院上海硅酸盐研究所（以下简称上海硅酸盐所），经过90多年发展，现已成为集材料前沿探索、高技术创新、应用发展研究于一体的无机非金属材料科研机构，形成了"基础研究—应用研究—工程化、产业化研究"有机结合的较为完备的科研体系。

上海硅酸盐所是我国最早开展特种无机热控涂层材料研究的单位。上海硅酸盐所自承担我国第一颗人造卫星"东方红一号"用铝光亮阳极氧化无机热控涂层研制任务以来，承担了我国几乎所有型号航天器用特种无机热控涂层的研制和生产任务，研制的多种涂层与材料解决了"卡脖子"问题，先后完成了60余种不同比值无机热控涂层材料的研发和自主可控制备，成功应用于风云系列卫星、载人航天工程、探月工程、北斗组网卫星、火星探测"天问一号"，以及空间站等多个国家重大型号，是我国无机热控涂层材料与部件的重要研发基地。

党的十八大以来，上海硅酸盐所积极响应党中央号召"面向国民经济主战场"，加强知识产权布局、运营与保护，多维度营造成果转化生态，建设新材料研发中心和产业孵化基地，服务长三角一体化。研究所设有研究总部嘉定园区、产业孵化基地太仓园区及本部长宁园区，三位一体、差异发展、互为补充，形成"对外交流窗口—新材料研发中心—产业孵化基地"的完整科技产业发展体系。

在多年发展过程中，上海硅酸盐所顺应国家经济发展大势，围绕社会发展的紧迫需求，形成了自身独特的创新模式：（1）1959—1978 年：创业奠基，艰苦奋斗，发挥科技"火车头"作用。围绕国家重点建设项目承担科研任务，无偿转让有关企业中试或生产，发挥科技"火车头"作用，深远影响相关产业。成功研制高铝氧质陶瓷管，推动"中国之声"向国际的传递；实现大面积云母单晶人工合成，满足国家战略需求；为我国光通信实验提供第一根光纤。（2）1979—1998 年："四技"服务，德清模式，拉开"全国科研体制改革"序幕。探索以多种形式服务经济建设，有偿开展"四技"服务，加强中试与工程化研究和管理，自办高科技企业等发展过程。创立"德清模式"，拉开了全国科研体制改革的序幕；建立高新技术企业"上海硅酸盐所中试基地"；BGO 晶体成为世界著名医疗设备公司 PET 器件最大原材料供应商。（3）1999—2013 年：知识创新，纵横联营，建立"政产学研"创新体系。按照知识创新工程要求，探索与地方政府、企业纵横联营的转化转移模式，建立"政产学研"创新体系。在广东佛山等地建立分支机构；与索尼、康宁、上海电力等公司合作共建联合实验室。（4）2014 年至今：创业创新，服务国民经济主战场。按照党中央及中国科学院定位的新要求，解决"卡脖子"问题，积极参与双创，融入长三角一体化，服务国民经济主战场。贯彻习近平总书记"绿水青山就是金山银山"科学论断，进行空气、污水治理；支持和鼓励科研人员"离岗创业"，积极响应国务院"大众创业，万众创新"批示；设立苏州研究院、湖州中心，积极融入长三角一体化；与中海油服等合作，解决"卡脖子"问题，打造全方位产业联盟。

上海硅酸盐所除了直接支撑经济，解决部分领域的"卡脖子"问题，还为经济社会发展培养大量材料领域人才。此外，所内职能部门与科研部门的合理配合为所内科技成果转化提供重大支持。例如，协助遴选高质量企业、对接客户，企业和政府资源协调，项目执行过程中的跟踪，提供会展机会，等等，发挥职能部门的支撑作用，形成有组织的科研。

三、上海交通大学

上海交通大学是我国历史最悠久、享誉海内外的高等学府之一，是教育部直属并与上海市共建的全国重点大学。经过120多年的不懈努力，上海交通大学已经建设成为一所"综合性、创新型、国际化"的国内一流、国际知名大学。当前正值国家经济社会发展的关键时期，也是学校服务国家战略需要，实现自身高质量发展的重要时刻。上海交通大学围绕经济社会发展中的重大科学问题和重点产业关键核心技术突破，开展高质量协同创新，推出一大批重大科技成果转化项目，增强对产业技术创新的源头贡献力，为服务经济社会发展发挥重要支撑作用。

（一）坚持重大需求导向

上海交通大学始终坚持服务国家重大需求，聚焦"卡脖子"领域进行集成攻关。学校现有 1 个国家重大科技基础设施——转化医学国家重大科技基础设施（上海）。该项目是"十二五"国家规划的重点领域之一，针对我国重大疾病诊疗中的重大关键技术，重点在肿瘤领域（主要为白血病等造血系统肿瘤、胃肠肿瘤和儿童癌症），同时针对代谢性疾病领域（主要为内分泌代谢疾病）和心脑血管疾病领域（主要为高血压和先心病）等重大疾病，研究相关发病机理和规律，建立相关疾病预测、预防、早期诊断和个体化治疗的理论、模型和方法，解决重大疾病的发生、发展与转归中的重大科学问题。

上海交通大学现有 3 个上海市首批入选国家 2011 计划的协同创新中心，包括 IFSA 协同创新中心、高新船舶与深海开发装备协同创新中心、未来媒体网络协同创新中心。IFSA 协同创新中心由上海交通大学、中物院与北京大学、中国科学院上海光机所、华中科技大学等单位共同组建，是我国激光聚变领域唯一的国家级协同创新中心，其核心任务是对激光聚变等国家重大需求进行科学研究，追求人类梦想中的终极能源；其发展目标是通过工程实施与科学研究的有效协同，解决重大关键科学问题，在太阳耀斑爆发的物理机制、天体等离子体加速过程等高能量密度物理重大前沿问题研究方面取得重要突破，引领高能量密度物理领域的发展，最终成为具有重要影响力的国际研究中心之一。高新船舶与深海开发装备协同创新中心由上海交通大学牵头，以中国船舶工业集团公司、中国海洋石油总公司为核心，联合华中科技大学、天津大学、大连理工大学、武汉理工大学、中船重工第 702 研究所、中国船级社共同组建。2022 年，中心名称变更为"高新船舶与工业软件协同创新中心"。中心新一轮建设基于成立以来在高新船舶与深海开发装备领域的协同科研实践，遵循党中央关于科技创新"四个面向"的新要求，瞄准欧美在高新船舶上的"卡脖子"技术，集中优势力量，深化产学研协同，聚焦大型工程船舶与智能装备技术研发、LNG 船液货维护系统关键技术研究、船舶 CAE 核心软件开发与应用三个研究方向加强攻关。未来媒体网络协同创新中心由上海交通大学、北京大学联合国家广电总局广播科学研究院、广播电视规划院、中央电视台、上海广播电视台、中国科学院计算所、数字电视国家工程研究中心、华为公司、百度公司、AVS 产业联盟、中国科学院声学所共同组建，是国内数字媒体领域唯一被认定的协同创新中心。中心以习近平总书记提出的"传统媒体与新兴媒体融合发展"重大战略为指引，围绕"异构网络协同传输、多源数据组织封装、超高清编码与计算、媒体网络内容安全、媒体云架构与服务"五大研发方向，构建智能融合媒体网络的人才、技术和标准体系的核心任务，形成"四位一体"的协同创新能力。中心组建至今已经取得了一系列成果，促进了"DTMB 地面传输 +AVS 音视频编码"共同组成的双国标技术方案在全国推广应用，新一代数字电视系统研发基本成型，并导入美国下一代数字电视系统 ATSC3.0 为标准推荐方案，帮助中国广播产业与电视工业与产业国际接轨。

（二）创新成果转化机制

　　"十三五"期间，上海交通大学成果转化业绩位居全国高校前列，通过成果作价投资或完成自主实施创办科技企业数量稳居全国第一，在人工智能、智能制造、新材料、新能源等领域培育出一批高科技公司。科技成果转化模式产生了重要社会影响，2020 年获批国家高校科技成果转化专项改革试点，被列入全国首批 40 家"赋予科研人员职务成果所有权和长期使用权"改革试点单位之一。2022 年，学校进一步完善成果转化体制机制，修订出台《上海交通大学新时代促进科技成果转化实施意见》等"1+5+20"制度体系，涉及科研服务、人事评聘、国资管理、财务管理、研究生培养等系列改革政策，构建了"一门式、首问制"的创新成果转化长效机制。

上海交通大学材料学院王浩伟教授领衔的科研团队，经过 30 多年的努力，研制出一种全新的陶铝新材料——纳米陶瓷铝合金。这种全新的材料将纳米陶瓷颗粒引入到铝合金，提高了材料的刚度、强度，同时保持了铝合金良好的加工制造性能，突破了规模化工程应用的瓶颈，具有重量轻、高刚度、高强度、抗疲劳、低膨胀、高阻尼、耐高温等特点。目前已在"天宫一号"、气象卫星等航天设备领域和汽车、先进电子设备领域得到了应用。该项目探索的成果转化模式为"研究院＋公司双核运作"体系。2017 年 6 月，学校与淮北市人民政府、上海均瑶集团斥资 4 亿元人民币合作成立陶铝新材料公司，拟在民用领域进行开发应用。与此同时，学校与淮北市人民政府联合成立"上海交通大学安徽陶铝新材料研究院"，研究院在浦东新区设立"应用技术设计研究中心"，开展与陶铝技术相关的产业应用和工业设计应用研究，为形成与陶铝技术成果相关的生产经营、市场推广、持续开发等完整的生态体系作出了贡献。

多年来，上海交通大学扎根临港，与临港集团形成全面战略合作，以上海交通大学临港智创公司为平台，探索出了一条产学研合作发展新路径，形成了"基地＋基金"新模式，构筑了产学研融合发展新范式,努力打通科技创新成果应用与产业化的"最后一公里",推动"产金融合+产学研融合"的发展战略,以"五朵金花"为代表的一批上海交通大学科研成果转化项目相继落户临港。上海交通大学智邦科技有限公司是上海交通大学临港智创公司孵化和推进的"五朵金花"之一。由临港集团与上海交通大学产业集团等共同投资成立,专注打造汽车动力总成智能制造生产线,主要承担国家重大科技专项等研发任务,并承接汽车用户新产品新技术研发和试制课题,旨在建设动力总成高端数控加工中心和多型号混线智能加工线及系统集成。上海交通大学智邦科技有限公司与上海交通大学共同承担了"高档数控机床与基础制造装备"国家科技重大专项(04专项),此为国际首台(套)装备。

(三)推进创新人才培养

上海交通大学秉承"起点高、基础厚、要求严、重实践、求创新"的优秀教学传统,深化"学在交大"精神,以提升人才培养质量为核心,以培养创新型领袖人才为目标,以"知识探究、能力建设、人格养成"三位一体的人才培养理念为指导,形成完备的创新人才培养体系。深入推进国家教育体制改革试点项目,实施卓越人才培养计划、致远荣誉计划、工科平台培养计划等创新举措;创新创业教育不断深化,搭建思想政治教育与品格、素质拓展与能力发展、管理服务三大平台,引导和鼓励参与科技创新活动。

(四)强化校地校企合作

推进校地校企合作逐步由单一的项目转向共建平台、基地,形成长效机制。不断加强省校合作，与四川、重庆、内蒙古、浙江、海南等省份签署战略合作协议，共建四川研究院、云南（大理）研究院等地方研究院。

2013 年以来，上海交通大学承担了定点帮扶云南省洱源县的光荣任务。2018 年 10 月，洱源县顺利通过国家专项评估检查，是云南省率先摘帽退出贫困县的重点县。此后，学校继续按照党和国家脱贫攻坚总体要求，帮助洱源县巩固阶段性成果，助力洱源县全面完成攻坚任务。获评教育部直属高校精准扶贫精准脱贫"十大典型项目"。

2015 年 1 月，习近平总书记考察云南时在洱海边指出，"一定要把洱海保护好"。此时上海交通大学孔海南教授已率领团队在洱海边从事治理与保护工作十余载。历经 20 年努力，现在洱海的水质已经逐步改善，稳定在地表水 Ⅱ—Ⅲ 类之间，水生态环境也得到了初步恢复，在我国的湖泊领域中属水质良好的湖泊之一。

暗物质研究基地。上海交通大学 PandaX 实验团队，自 2009 年起在位于四川省凉山州的锦屏地下实验室开展国内首个液氙暗物质探测实验。目前在四川研究院建设 PandaX 成都大数据处理中心，通过千兆专线和实验室连接，建立全新的数据 DAQ 系统、慢控制系统、数据重建分析系统以及数据模拟系统，开展并行计算和储存工作，预期获得世界最灵敏探测结果。

2022 年 7 月，教育部、工信部和国家知识产权局提出"千校万企"协同创新伙伴行动。近年来，上海交通大学通过企业出题、高校"揭榜挂帅"，围绕企业创新需求，提升高校与企业协同创新效率：与中船集团、中国航发、中国商飞等龙头企业开展研究生联合培养，通过"双导师"制培养企业所需的技术骨干人才；与宁德时代、华为公司等共建校企联合研发平台，联合开展前沿基础研究、应用技术研究、科技成果转化等合作；与企业共同设立产学研合作基金，致力于面向未来前沿交叉学科方向、解决"卡脖子"技术难题，推动科研与产业深度融合。

（五）搭建创新创业平台

"零号湾——全球创新创业集聚区"，是上海交通大学、上海市闵行区人民政府、上海地产集团合作的创新创业培育平台。2015 年"零号湾"在紧邻上海交通大学的西北角启动建设，最初建筑面积仅数千平方米。如今，连同闵行"环上海交大、华东师大"核心区域，"零号湾"已拓展为"大零号湾"。

"大零号湾"聚焦生物医药、人工智能、高端装备三大主导产业，积极布局数字经济、绿色低碳、元宇宙等新赛道。充分发挥高校院所服务国家战略和区域经济社会发展的作用，打造科技成果转化和"硬科技"创业集聚示范，探索高校与区域联动、成果溢出新模式和新路径。形成与黄浦江沿线外滩、陆家嘴、北外滩、前滩等区域错位发展新格局，建设成为国际知名、国内一流的世界级"科创湾区"。

促进高校协同创新发展：一是坚持"一把手"挂帅，重大项目由主要领导负责，亲自抓、带头干，举全校之力，调动各方资源，加快形成基础研究重大成果以及关键核心技术攻关；二是做到"利出一孔"，才能力出一孔。将个人利益与项目研发、成果转化的整体利益挂钩，汇聚力量于一孔，在考核、激励等机制方面共同进退；三是形成人才团队、项目、基地、成果的"正反馈环"，强化过程管理、完善管理政策和激励机制，深化科研制度改革；四是把握好教育为人民服务的时代内涵和要求，将协同创新成果应用于服务经济社会发展，提高人才供给质量，支撑国家实现高水平科技自立自强。

四、大飞机创新谷

大飞机创新谷于 2019 年 9 月 29 日正式开谷，创新空间面积 6000 平方米。创新谷由中国商飞公司发起建立，围绕民用飞机关键核心技术自主可控，搭建广泛聚合国内外院士、专家、高校、企业等合作伙伴力量开展协同创新、实施产业带动的平台，是承接国家、地方科技创新政策，探索科技体制机制创新的特区。

中国商飞公司在上海建设大飞机创新谷，以 C919 大型客机产业发展和科技创新为牵引，累计有 75 所国内外高校通过 1300 余项科研合作参与了大飞机技术攻关，建立了多专业融合、多团队协同、多技术集成的协同创新平台。

目前，大飞机创新谷已与 84 家国内外高校、科研院所、企业等各类主体建立稳定合作关系，建立了两个院士专家工作室和 38 个创新平台；通过应用场景引导，提供共性技术支撑，促成 100 余项创新项目入谷，带动一批国产装机产品研制，实现民用飞机"卡脖子"技术难题解卡，实现一批先进智能产品和设计工具的研制和应用；联合国内 12 家单位，建成了大飞机创新谷专利池，集聚专利资源 1000 余项。

大飞机创新谷定位科技创新平台与技术研究机构，组织机构设置"一特区，三中心"。现有 50 多名工作人员，多毕业于南航、北航和西北工大等高校；另包含上飞院 200 多名科研人员，由大飞机创新谷对其进行绩效考核。专业能力特区着重产业培育,打通整机、系统和原材料供应链。知识产权中心负责知识产权管理与转化,目前已完成多项创新成果转化。

采用如"揭榜挂帅"(需求发布,多轮PK)、"赛马制"(多元化合作、多渠道寻优)、"办事不出谷"等机制,以达到项目合作双方技术能力共同提升,形成供应商间相互竞争机制,项目牵头人以技术能力作为选定标准等;打造以创新项目(强基础、筑优势,强弱项、补短板,可持续)、创新平台(联合实验室、联合创新中心/联合工程中心)、创新联合体(大飞机先进材料创新联盟、国家重点实验室)共同支撑的创新体系;营造良好的人才生态(院士专家工作室、科学家小屋、创新大使),融合生态(大飞机创新谷专利池、全国技术贸易创新实践案例),区域生态(上海市大企业开放创新中心培育计划、首批浦东新区大企业开放创新中心、NICE-COMAC大飞机产业技术联合创新中心)。

大飞机创新谷已形成产学研用金多元化合作模式,合作方包括国内外供应商企业、高校科研院所、金融机构服务伙伴,对外合作采用成立联合工程中心、联合实验室等方式。

第四节 以国家战略科技力量为主导的协同创新面临的瓶颈问题

本书认为,国家战略科技力量是一种创新集群组织,是凝聚力量的一种形态,其功能和目的是寻求关键领域的突破和形成相对的国际竞争优势。当前，我国国家战略科技力量布局尚未全面形成，以国家战略需求为导向，承担重大攻关任务的科技力量仍存在缺位，组织协同国家、地方、部门、行业的科技力量和资源，面向战略需求开展攻关的新型举国体制尚有待加强系统设计。国家战略科技力量的核心主体发展还不成熟，责任机制还不清晰，组织协同不够到位，以国家战略科技力量为主导的协同创新可以从以下六个方面进行完善。

一、政府引导作用还需加强

在科技攻关领域，政府引导作用还需加强，要进一步凝聚共识，形成政府、社会、市场的合力。随着上海社会科技创新资源不断丰富与完善，以市场为导向的研发行为已经能够有效"自发展"，而对于高投入低产出的前沿科技，还需政府积极引导，同时结合未来科技攻关领域解决"卡脖子"问题，使科技创新资源真正成为上海创新驱动、面向未来发展的主动力。

二、要聚焦重大需求

进入新发展阶段，以新发展理念体系化推进国家战略科技力量协同发展，既不能完全照搬发达国家典型模式，也不能脱离现有体系另起炉灶，而是要在我国科技创新体系中依据现有不同科研类型分类施策，合理布局，在关键领域精准发力、塑造优势。聚焦国家需求"基本面"强化国家战略科技力量；围绕前沿探索"无人区"强化国家战略科技力量；面向产业经济"主战场"强化国家战略科技力量。应明确区分出国家战略科技力量所应瞄准的三大领域，如力争突破"卡脖子"技术，继续增强自身的领跑技术优势，勇拓"无人区"技术，只有聚焦关键核心技术，不断完善科技资源的优化配置，才能在技术攻关之路上走得更稳更强劲。

具体战略布局方面，如在"卡脖子"技术方面，鉴于主要国家都已在事关未来国家发展空间的战略必争领域积极部署科技创新资源，我国也应强化国家战略科技力量在大国战略必争领域的建制化布局，打造一批将国家重大发展需求与新兴技术探索相结合的高水平"科技先遣队"，以抢占未来科技竞争制高点，旨在为国家新一轮发展打造先发优势；在优势技术方面，迫切需要围绕产业创新体系化布局国家战略科技力量，实现国家战略科技力量在产业经济"主战场"中不缺位、不错位和不越位，走出一条科技强、产业强、经济强、国家强的创新发展路径；在"无人区"技术方面多点布局国家战略科技力量，链式支持前沿性、挑战性、高风险性的创新活动，发掘能为未来产业培育、经济增长和社会发展带来根本性转变的技术。

三、需强化"一把手"挂帅

要大胆突破制约创新的体制机制瓶颈，为科技创新资源着力营造公平竞争的市场环境与创新氛围，加快集聚和培养一流创新人才，营造优质的创新创业生态。国家战略科技力量的主要任务就是围绕国家重大战略需求，着力攻破关键核心技术，抢占事关长远和全局的科技战略制高点。要统筹国家实验室、国家科研机构、高水平研究型大学、科技领军企业等国家战略科技力量，在"卡脖子"技术攻关中，强化"一把手"挂帅，培养更多具有全局观念和前瞻判断力的战略科学家，充分发挥"三总制"（即总指挥、科学家／总工程师、总经理）作用，在研发和成果转化中统筹谋划、相互配合，有力有序协同攻关关键核心技术。

四、仍需加强科技创新人才队伍建设

当前，在组织跨学科、跨建制重大项目攻关时，复合型人才相对缺乏，尤其缺乏战略科学家。要加快培养创新人才，鼓励企业培育核心科技创新人才团队。优化科技创新人才体系，促进人的全面发展。不断提升上海科技创新人才体系的整体效能。

五、亟须优化科技创新资源配置

促进科技创新资源在鼓励创业创新的普惠税制、投贷联动等金融服务模式创新、股权托管交易市场、新型产业技术研发组织、简化外资创投管理等方面集中布局实施，通过关键技术提升与重大项目落地，持续释放改革红利。

六、仍需明晰产学研合作的科技创新发展模式

不断完善上海产学研合作的科技创新发展模式。这里的产学研合作概念应从狭义和广义两个角度来理解，狭义的产学研合作指的是现有的产业（或企业）、高水平研究型大学、国家科研机构三方相互之

间在生产、人才培养、科研等方面的合作，以实现产、学、研三职能的充分发挥和共同发展。广义的产学研合作是指以产业（或企业）、高水平研究型大学、国家科研机构为基本主体，以政府、中介机构、金融机构等为辅助主体，在市场经济条件下按照一定的机制或规则进行结合，形成某种联盟进行合作研发，不断进行知识消化、知识再生产、知识传递和知识转移，创造新的需求和价值，以实现技术创新、人才培养、社会服务、产业发展和经济进步等功能。

第五章
在沪国家战略科技力量为主导的协同创新机制

党的二十届三中全会指出，必须深入实施科教兴国战略、人才强国战略、创新驱动发展战略，统筹推进教育科技人才体制机制一体化改革，健全新型举国体制，提升国家创新体系整体效能。在沪国家战略科技力量为主导的协同创新机制，是指以国家战略科技力量为主体，以维护国家安全和长远发展为目标，以重大需求和战略使命为导向、重大任务为载体、市场机制为纽带，形成"核心力量—主力力量—参与力量"共同参与的协同机制。国家战略科技力量是围绕完成国家战略任务组织起来的多元联合力量体系，上海明确了重大使命和重大目标任务，坚持面向世界科技前沿，聚焦关键核心技术突破，强化科技创新策源驱动机制，加大基础研究投入，优化科技创新资源配置，注重人才、团队和平台建设，形成以国家战略科技力量为核心，多方科技力量联动的协同创新网络。通过强有力的主导推进和有效的责任机制，保障各类参与科研力量贯彻国家意志，快速响应，高效协同，打造"来之能战，战之能胜"的机动化攻坚部队。

第一节　重大使命和重大目标任务驱动机制

面对全球科技竞争的激烈局面，中国要实现高水平的科技自立自强，必须落实重大使命和重大目标任务驱动机制。该机制的核心是坚持战略性需求导向，确定科技创新方向和重点，整合不同创新主体的创新资源和优势，形成高效的协同创新体系。这种机制通过重大科技任务攻关实施为统领，探索国家战略科技力量新型治理结构和运行机制，加强重点领域产学研用协同攻关。

一、明确重大使命和重大目标任务内涵

2023 年 12 月，习近平总书记在上海考察时强调，上海要完整、准确、全面贯彻新发展理念，围绕推动高质量发展、构建新发展格局，聚焦建设国际经济中心、金融中心、贸易中心、航运中心、科技创新中心的重要使命。为加快向具有全球影响力的科技创新中心迈进，上海要立足于重大使命，以国家重大战略为牵引，新形势、新使命，对标全球最高标准、最好水平，更好培育壮大战略科技力量。

（一）重大使命驱动

上海要充分发挥国家战略科技力量作用，强化国家战略科技力量协同，加快实现高水平科技自立自强和建设科技强国。当前在百年未

有之大变局下，科技创新成为重构国际格局的关键力量，掌握关键核心技术、新兴技术、底层技术成为大国博弈的关键砝码。世界科技强国竞争，比拼的是国家战略科技力量。国家战略科技力量代表了国家科技创新的最高水平。以国家战略科技力量为主体开展的科技创新成为国际战略博弈的主要战场，直接关系到国家综合国力和国际竞争力的提升，关乎国家的国际地位和长治久安。为加快建设科技强国，亟须加强国家战略科技力量各主体间的协同效应，发挥国家战略科技力量在实现国家战略需求、聚焦科技前沿重大技术突破、提升国家科技实力中的重要作用，在国际竞争中努力抢占科技制高点，自觉履行高水平科技自立自强的使命担当。

上海作为国家使命中的先行先试作用，要瞄准国家战略急需，全力培育壮大战略科技力量，提升协同创新效能。上海作为我国最大的经济中心城市之一，拥有雄厚的科教资源、人才优势、市场活力和开放环境，有责任、有能力在科技创新领域走在全国前列，抢占全球科技制高点。上海建设国际科创中心的首要定位是担负起国家战略科技力量承载地的使命，要紧紧围绕国家发展战略，积极承担国家重大任务，主动服务国家重大需求，积极参与国家重大工程，充分发挥在沪国家战略科技力量的先行先试作用，创新国家战略科技力量为主导的协同创新机制，为全国科技创新和现代化建设提供可复制、可推广的经验和模式。

上海作为长三角发展使命中的协同桥头堡，要加快建设长三角科技创新共同体，充分发挥科技创新中心的辐射引领作用，率先形成新发展格局。充分发挥上海作为科技创新中心的引领作用，促进区域间的合作与协同，强调在科技创新领域加强各地区间的合作与交流，共同推动科技创新、人才流动和资源共享，加速建设长三角科技创新共同体。要以创新为驱动，以协同发展为核心，发挥自身在科技创新中心的引领作用，并带领整个区域率先探索、形成新的协同创新格局。

上海作为自身发展中的使命担当，要依靠科技创新加快重构竞争新优势，加快打造现代化产业体系，促进创新型经济发展。上海强化国家战略科技力量的协同创新，加强各主体间的科研任务统筹联动推进，是激发各类创新主体内生动力、多类型创新要素循环活力的重要举措。要有组织推进战略导向的体系化基础研究、前沿导向的探索性基础研究、市场导向的应用性基础研究，以有组织科研推进协同创新，在实现高水平科技自立自强上更有作为。

（二）重大目标任务驱动

在沪国家战略科技力量协同机制建设以国家重大需求为导向，以引领发展为目标，以有组织科研为保障，强化科技创新策源功能，扩大高水平科技供给。面向国家重点战略需要，立足上海自身优势，到2025年，在沪国家战略科技力量取得重大提升，集成电路、生物医药、人工智能三大"上海方案"加速落地，更多关键核心技术实现自主可控，上海建设成为具有全球影响力的科技创新中心迈上新台阶、取得新突破，在国家战略科技力量建设中贡献上海力量和上海经验。具体来看，在沪国家战略科技力量需要明确以下重大使命和重大目标任务：

一是坚持面向世界科技前沿、面向经济主战场、面向国家重大需求、面向人民生命健康，制定上海强化国家战略科技力量部署的主要领域和发展方向。

二是坚持聚焦关键核心技术突破。以关键核心技术突破为目标提升创新能力，重点攻克"卡脖子"技术问题。以问题为导向，以需求为牵引，加快关键核心技术攻关，努力在关键领域实现自主可控，确保产业安全和国家安全。

三是坚持推进重点领域技术攻关。着力推进集成电路、人工智能、生物医药等领域实现重大技术突破，掌握一批具有自主知识产权的关键核心技术，持续提升产业创新能力。

四是坚持抢先布局未来产业发展的核心技术，抢占未来产业发展的先机。在全球科技革命与产业变革加速演进的背景下，要打造未来健康产业集群、未来智能产业集群、未来能源产业集群、未来空间产业集群、未来材料产业集群这五大未来产业集群。在未来产业发展的领域中，需要在沪国家科技战略力量加快布局，并且整合各主体优势力量，加强在未来产业领域的协同创新。

五是坚持区域协同创新。上海强化国家战略科技力量要结合长三角一体化创新协同发展，着眼国家战略定位，立足国家需要、区域需求、上海优势的重点领域，着力增强高端要素集聚和辐射能力，提升区域创新能力和核心竞争力，推动长三角形成高质量发展的科技创新共同体。

二、建立重大使命和重大目标任务驱动机制

上海作为我国最大的经济中心和科技创新高地，承担着推动国家战略科技力量为主导的协同创新机制建设的重大使命和重大目标任务，应该发挥在国家科技创新体系中的重要作用，推动国家重大需

求、重大工程、重大专项、重大平台等各个层次和领域的协同创新项目的开展和实施，组织国家实验室、国家科研机构、高水平研究型大学、科技领军企业等国家战略科技力量，突破关键核心技术和领域前沿问题，为提升国家综合实力和竞争优势，加快实现高水平科技自立自强，建成世界科技强国作出贡献。具体而言，可以从以下四个方面着手：

一是建立涵盖国家重大需求、重大工程、重大专项、重大平台等各个层次和领域的协同创新项目库。项目库应该根据国家创新发展战略需要和上海科技创新需求，结合在沪国家实验室、国家科研机构、高水平研究型大学、科技领军企业等国家战略科技力量的特色优势，确定协同创新的优先领域和重点方向，统筹国家战略科技力量建设与科技攻关任务部署。

二是建立以解决关键核心技术和领域前沿问题为导向的协同创新项目库。项目库应该根据国内外科技发展趋势和竞争态势，结合上海科技创新优势领域，确定协同创新的重点方向和重点任务，聚焦重点领域，探索优化在沪国家战略科技力量为主导的协同创新的组织模式、管理体制和运行机制。

三是建立以实现协同创新目标和任务为牵引的协同创新项目库。项目库应该根据国家战略科技力量的能力水平和发展潜力，确定协同创新的具体目标和任务，充分发挥新型举国体制优势，促进国家战略科技力量联合攻关，打赢关键核心技术攻坚战。

四是建立按照竞争性、协作性、开放性的原则进行申报、评审、立项、执行、验收的协同创新项目库。项目库应该建立一个公平、公正、公开的项目管理机制，鼓励国家战略科技力量之间的竞争和协作，吸引各类创新主体的参与和贡献，促进协同创新项目的高效率开展和高质量完成。通过各主体间协调创新，引领其他社会创新主体共同发展，提升国家创新体系的整体效能。

坚持战略性需求导向，确定科技创新方向和重点，整合不同创新主体的创新资源和创新优势，着力解决制约国家发展和安全的重大难题。加快建立在沪国家实验室、国家科研机构、高水平研究型大学和科技领军企业共同参与的高效协同创新体系。以重大科技任务攻关实施为统领，探索国家战略科技力量新型治理结构和运行机制，探索重大科技任务定向委托机制，加强重点领域产学研用协同攻关。

第二节　科技创新策源驱动机制

在当前全球科技竞争日益激烈的背景下，科技创新策源驱动机制成为各国推动科技发展的重要战略。该机制的核心是通过优化资源配置、增强基础研究力度、激发创新主体活力等手段，形成强大的科技创新策源能力，从而推动国家科技进步和产业升级。

一、强化科技策源功能

科技创新策源是指科技创新活动的源头和动力，是科技创新的根本保障和先导因素。"策"强调主动策划、引领开拓，"源"强调原始创新、突破创新。2019 年 11 月 2 日至 3 日，习近平总书记在上海考察时指出，要"强化科技创新策源功能，努力实现科学新发现、技术新发明、产业新方向、发展新理念从无到有的跨越，成为科学规律的第一发现者、技术发明的第一创造者、创新产业的第一开拓者、创新理念的第一实践者"。科技创新策源驱动机制是指通过制定和实施一系列有利于激发和培育科技创新策源的政策、法规、规范、标准、计划、项目、资金、人才等措施，形成一个有利于促进科技创新活动开展和成果转化的体制机制。

科技创新策源驱动机制是实现协同创新目标和任务的重要保障和推动力。科技创新策源旨在通过科技创新策动来打造科技创新之源的能力，要着力提升以原始创新能力和原始创新成果辐射能力为核心的创新策源能力，其根本任务是突破核心技术、抢占科技高地。从蛟龙深潜器、天宫航天器、北斗卫星、墨子卫星，到"天舟三号"、"神舟十二号"、"神舟十三号"、"羲和号"太阳探测卫星、"祝融号"火星车等国之重器；从10拍瓦激光放大输出世界纪录，到全球首例体细胞克隆猴及其模型、世界首例人工单染色体真核细胞，全面强化科技创新策源功能是上海科技创新发展的重要标杆。

在沪国家战略科技力量为主导的协同创新机制中，要注重强化原始创新能力提升、关键核心技术突破、高质量成果转化、前瞻新兴产业引领、高质量创新生态打造。政府要推动构建服务科技创新的体制机制，建立关键核心技术攻关新型组织实施模式。科技领军企业、国家科研机构等作为科技创新策源的重要主体，要聚焦国家战略需要，瞄准关键核心技术特别是"卡脖子"问题，注重基础科研突破。进而汇聚国家战略科技力量合力，着力提升科技创新策源能力，为推动高水平科技自立自强提供支撑。

二、建立科技创新策源驱动机制

科技创新策源驱动要以优化科技创新资源投入和配置为关键，持续加大基础研究投入力度，稳步提升基础研究和应用基础研究能力，加快实现从无到有的基础性、理论性科学突破，为科技创新提供高质量的源头理论支撑。

一是以需求为导向，以问题为导引，以目标为牵引。科技创新策源应该紧密对接国家重大需求、重大工程、重大专项、重大平台等各个层次和领域的协同创新项目，以解决关键核心技术和领域前沿问题为导向，以实现协同创新目标和任务为牵引，形成一个需求拉动、问题推动、目标激励的科技创新策源体系。

二是以基础研究为依托，从源头和底层解决关键核心技术"卡脖子"问题。基础研究是创新之基，要强调战略布局、优化投入、高水平主体协同推进，推动涌现更多"从0到1"重大原始创新成果。

三是以人才为核心，以团队为基础，以平台为支撑。科技创新策源应该以国家战略科技力量为核心，以优秀的科技人员和团队为基础，以高水平的科技平台和设施为支撑，形成一个包含人才引领、团队合作、平台服务的科技创新策源体系。

四是以市场为导向，以效益为评价标准，以激励为手段。科技创新策源应该以市场需求和社会问题为导向，以提高协同创新效率和效益为评价标准，以建立合理的利益分配和风险分担机制为手段，形成一个市场驱动、效益考核、激励约束的科技创新策源体系。

五是适度超前布局国家重大科技基础设施。按照"四个面向"要求，聚焦制约国家发展和安全的重大难题，布局建设一批具有前瞻性、战略性的国家重大科技基础设施，抢占事关长远和全局的科技战略制高点，为核心技术攻关和产业创新发展提供支撑。

第三节　科技进步与科技革命驱动机制

抓住新一轮世界科技革命的机遇，加快科技创新，从而在更多领域尤其是关键领域领跑，推动协同创新发展，使国家战略科技力量更加主动服务国家战略需求和顺应科研范式变化。

一、适应科技革命新范式

随着全球化和信息技术的快速发展，当代社会正经历着一场前所未有的科技革命。科技进步与科技革命驱动机制是在沪国家战略科技力量为主导的协同创新机制中的一个重要方面，既反映国家战略科技力量在科技进步与科技革命浪潮下的新使命和新机遇，也体现国家战略科技力量在协同创新项目中所追求的科技水平的提升和科技范式的变革。

在科技进步与科技革命浪潮下，在沪国家战略科技力量要更加主动服务国家战略之需，更加积极顺应科研范式之变。当今世界百年未有之大变局加速演进，新一轮科技革命和产业变革突飞猛进，科学研究范式正在发生深刻变革。科技创新成为国际战略博弈的主要战场，围绕科技制高点的竞争空前激烈。一是在沪国家战略科技力量作为体现国家意志、服务国家需求、代表国家水平的科技中坚力量，要着力解决重大科学问题，着力突破关键核心技术，着力发现、培养、集聚一批科技领军人才和高水平创新团队。二是加强科技进步大势研判，把握未来科技革命发展趋势，促进创新方式变革，全面塑造引领发展的方式，把建制化优势转化成创新动能。三是坚持面向世界科技前沿、面向经济主战场、面向国家重大需求、面向人民生命健康的战略定位，聚焦国家战略需求和人民对美好生活的向往。四是发挥好建制化、体系化科研优势，通过调整优化科研布局和组织体系，探索满足国家战略需求的责任和使命驱动的攻关机制，强化体系化协同，打造建制化科研新范式，以适应和促进科技进步与科技革命发展趋势。

二、创新科技进步新成果

国家战略科技力量在协同创新项目中所实现的科技水平的提升和科技范式的变革，是协同创新目标和任务的重要内容和结果。只有拥有强大的国家战略科技力量，才能在日益激烈的科技创新竞争中稳住阵脚、打好持久战，形成源源不断的内生性、体系性创新力量。尤其是当前我国面临复杂外部环境，诸多领域存在卡脖子的情况，更需要国家战略科技力量攻坚克难，为我国科技创新取得新成就积极贡献力量。

在沪国家战略科技力量要强化各主体间的协同，持续产出重大创新成果。一是发挥国家战略科技力量引领和带动作用，强化国家战略科技力量与其他科技力量协同互动。二是强化各类型国家战略科技力量协同合作，以体系化布局统筹谋划和调动跨学科团队、优化配置各类科技资源，提升国家战略科技力量协同攻关能力。三是努力打造以国家战略科技力量为核心、多方科技力量为枢纽节点的协同创新网络，使前沿导向探索性基础研究能够与下游合作推动研究成果的应用和现实转化。四是不断完善国家实验室、高水平研究型大学、国家技术创新中心、制造业创新中心、国家工程研究中心、科技领军企业等多主体协同创新机制，构建源头创新—技术开发—成果转化—新兴产业一体化产业创新链条。

第四节　在沪国家战略科技力量的协同机制

围绕完成国家战略任务组织起来的多元联合力量体系，通过强有力的主导推进和有效的责任机制，保障在沪国家战略科技力量贯彻国家意志，快速响应，高效协同，加快攻克关键核心技术，实现高水平科技自立自强。

一、夯实国家战略科技力量体系化攻关能力

围绕国家战略需求，进一步强化在沪国家战略科技力量的顶层设计与系统谋划，培育建设一支使命导向、任务驱动、责任明确、动态调整的战略科技力量。围绕重大原始创新和关键核心技术攻关，加强跨部门的资源配置和政策协调支持，以使命为导向、能力为基础、任务为驱动、组织为纽带，促进各类创新主体围绕重大任务紧密协同联动，构建社会主义市场经济条件下关键核心技术攻关新型举国体制，促进重大原创性科技突破和战略产品研发，提升创新体系整体效能。

为构建在沪国家战略科技力量的协同机制，应有组织推进战略导向的体系化基础研究、前沿导向的探索性基础研究、市场导向的应用性基础研究，注重发挥国家实验室引领作用、国家科研机构建制化组织作用、高水平研究型大学和科技领军企业主力军作用。进而形成以国家意志为主导的强大合力，各主体以强使命为攻关导向，以强能力为支撑，以强组织协同为助力，夯实国家战略科技力量体系化攻关能力。

一是以强使命为攻关导向。国家战略科技力量服务于国家重大战略任务需求，聚焦"三个面向"，承担着关系国家安全和核心利益的"急难险重"科研任务和未来主导产业关键共性技术、引领科学前沿的重大突破等企业和社会等其他力量难以承担的攻关类研究。

二是以强能力为支撑。国家战略科技力量必须围绕战略需求强化能力建设，能够承担并高质量完成重大科技攻关任务，能够在全球科技创新重要领域的竞争和对抗中赢得优势，能够为我国乃至人类命运共同体的发展作出重要贡献。

三是以强组织协同为助力。国家战略科技力量是围绕完成国家战略任务组织起来的多元联合力量体系。通过强有力的主导推进和有效的责任机制，保障各类参与科研力量贯彻国家意志，快速响应，高效协同，打造"来之能战，战之能胜"的机动化攻坚部队。

二、构建以国家战略科技力量为主导的协同创新网络

在沪国家战略科技力量之间的协同机制，是指国家战略科技力量在协同创新项目中的组织模式和运行机制，是实现协同创新目标和任

务的重要保障和推动力。在沪国家战略科技力量之间的协同机制应该充分发挥国家战略科技力量的主导作用，同时充分调动市场主体和社会主体的参与积极性，形成一个横向联合、纵向协调、上下互动的协同创新网络。为了建立这样一个协同机制，上海需要建立一个多主体、多层次、多形式、多领域的协同创新组织模式和运行机制，对国家战略科技力量进行有效协调和整合。加快构建以维护国家安全和长远发展为目标，以国家科技创新重大需求和战略使命为导向、重大任务为载体、市场机制为纽带，形成"核心型力量—主力型力量—参与型力量"共同参与的协同机制，具体如下：

做强可支配的核心型力量。核心型力量是建制化的国家战略科技力量，主要包括独立的国家实验室、国家重点实验室，以及因国家重大科技攻关任务需求而创设的任务承担主体。以服务国家需求、完成国家任务为根本使命，基本上只承担国家战略科技任务，在国家战略科技任务中起主导、组织和总体推进作用。

做实可协同的主力型力量。主力型力量是任务导向的国家战略科技力量，包括中国科学院系统单位、中央部属高校院所、国家技术创新中心等具有较强创新能力的法人机构及相关团队，给予稳定支持，并通过定向和竞争课题等方式承担国家战略科技任务中的部分任务。

做大可利用的参与型力量。参与型力量是具有多元多样特点的"千军万马"，包括企业、地方高校院所、新型科研机构组织等。以政府购买服务、委托、招标、承包等各种不同方式参与国家战略科技任务中的相关工作，提供专业领域的研发服务。

做优在沪国家战略科技力量内部协同，拓展合作空间。基于在沪国家战略科技力量内部建立跨部门的合作机制，促进信息共享、资源整合和协同创新。对于关键核心领域的重要技术攻关，制定统一的攻关计划，明确各方的职责和任务，确保各方在共同的目标下协同推进，避免重复建设和资源浪费。通过建立共享平台，包括数据共享平台、重大科学设施共享平台等，为各方提供便利的合作环境，促进资源共享和技术交流。通过建立人才培养计划和交流机制，加强人才培养和交流，培养跨学科、跨领域的复合型人才，提高团队协同创新能力。

第五节　在沪国家战略科技力量与产业创新发展的协同机制

上海拥有丰富的科技创新资源和强大的产业基础。整体上，上海正通过一系列策略和措施，加快构建国家战略科技力量与产业创新发展的协同机制。通过科技创新体系的优化，对政策环境、资金支持、人才培养等方面深度布局，上海旨在打造具有国际影响力的科技创新中心，为实现高质量发展提供强有力的科技支撑。

一、以国家战略优势加快现代化产业体系建设

在沪国家战略科技力量与产业创新发展之间的协同机制，是指国家战略科技力量与产业界在协同创新项目中的互动模式和运行机制，是实现协同创新目标和任务的重要保障和推动力。2023 年 12 月，习近平总书记考察上海时再次强调，要以科技创新为引领，加强关键核

心技术攻关，促进传统产业转型升级，加快培育世界级高端产业集群，加快构建现代化产业体系，不断提升国际经济中心地位和全球经济治理影响力。

以在沪国家战略科技力量与产业创新发展的协同，进一步聚焦国家战略需求，促进科技创新和产业创新深度融合，壮大国家战略科技力量优势。在沪国家战略科技力量在推动产业创新发展中，通过发挥主导作用，加强协同，引领产业创新方向，加速创新步伐，提升产业创新的可持续性和稳定性。由于在技术和资源方面的主导地位，在沪国家战略科技力量往往扮演着推动关键产业创新发展的主导角色，引领着重点产业的发展方向和技术路径。在沪国家战略科技力量能够有效整合各方资源，加速产业创新的步伐，推动产业结构升级和经济转型。一是基于在沪国家战略科技力量内部国家实验室、国家科研机构、高水平研究型大学和科技领军企业建立产学研合作平台，促进产业需求与科研成果对接，实现技术转移和成果转化。二是成立技术创新联盟，将在沪国家战略科技力量的相关方纳入，共同开展技术创新和产业发展，共享资源和成果。三是建设在沪地区国家战略科技力量示范基地，集聚相关科技资源和产业要素，将其打造成科技创新和产业发展的重要平台。四是在沪国家战略科技力量内部开展产学研人才联合培养计划，培养适应产业发展需求的高层次科技人才，为技术攻关和产业创新提供人才支撑。

以张江综合性国家科学中心为重大战略载体，上海不断提高创新资源集聚度，尤其是国家战略科技力量，聚焦重大产业发展需求，整合不同创新主体的创新资源和创新优势，开展前沿性基础研究、应用研究和开发研究，增强科技创新引领现代化产业体系建设的内生动力。一要聚焦国家战略需求，围绕关键核心技术，在重点领域开展产学研用联合攻关，构建现代化产业体系。要在重点领域打造若干面向行业的关键共性技术，实施一批能填补国内空白、解决国家"卡脖子"瓶颈的重大战略项目和基础工程。二要利用信息技术、绿色技术、智能技术等加强传统产业的改造升级，积极培育战略性新兴产业，构建起以企业为主体、产学研深度融合的技术创新体系，培育具有国际竞争力的创新型企业。三要根据国家赋予上海产业发展的使命和任务，以及上海市发展规划和发展优势，聚焦集成电路、生物医药和人工智能三大重点领域，整合科技创新资源，集合精锐力量，完善深度参与关键核心技术攻关新型举国体制，助推三大产业领域迈向全球创新链、产业链、价值链高端。四要推动科技领军企业联合行业上下游、产学研力量组建体系化、任务型创新联合体，推进研发活动一体化进行。五要引导国家科研机构、高水平研究型大学以及技术创新中心、产业创新中心、工程研究中心、新型研发机构等研发平台，面向企业与市场开展"订单式"研发。六要利用"揭榜挂帅"等形式，推动企业需求类重大科研项目攻坚，真正从源头上提升科技成果供给质量。

二、发挥在沪国家战略科技力量与产业创新协同优势

在沪国家战略科技力量与产业创新发展之间的协同机制应该充分发挥国家战略科技力量的技术优势和产业界的市场优势，实现技术创新与产业发展的有效促进。一是以市场需求和社会问题为导向，以满足用户需求和解决社会问题为目标，以提高产品质量和服务水平为标

准，形成一个市场需求驱动、用户需求导向、产品质量优先的协同创新导向体系。二是以提高协同创新效率和效益为评价标准，以实现科技成果的快速转化和产业化为目标，以提高经济效益和社会效益为标准，形成一个效率最优化、效益最大化、转化快速化的协同创新评价体系。三是以建立合理的利益分配和风险分担机制为手段，以激发国家战略科技力量与产业界之间的合作积极性和创新动力为目标，以提高合作满意度和信任度为标准，形成一个利益共享、风险共担、合作共赢的协同创新激励体系。

以科技创新引领现代化产业体系建设，以实施重大科技创新工程和项目为牵引，以高端化、智能化、绿色化为发展方向，构建在沪国家战略科技力量与产业创新的协同机制。一是以提升国家实验室开展战略性、前瞻性、基础性重大科学技术研究能力为重点，以国家实验室为主体，组建多主体、跨学科、全链路的国家实验室创新战略联盟。二是全力支持国家实验室聚焦事关全局的重大基础性、战略性、关键性、颠覆性或开创性战略科技问题，联合国家科研机构、高水平研究型大学、科技领军企业等开展跨学科、大协同攻关。三是加强在沪国家战略科技力量和产业创新深度融合，催生新产业新业态新模式，拓展发展新空间，培育发展新动能，更好联动长江经济带、辐射全国。四是在加强科技创新、建设现代化产业体系上取得新突破，突破一些关键产业的"卡脖子"技术，推动科技创新与产业发展深度融合。

促进在沪国家战略科技力量创新成果与产业创新发展对接，加快培育新质生产力。提升对重要发展方向和重大关键技术、技术路线的科学判断，扎实推进重大战略性任务实施，加快推动颠覆性技术创新项目研发，加快张江国家实验室等科技战略力量建设，超前部署关键领域的基础、前沿和应用技术研究，形成具有全球影响力的科技创新策源地。一方面，把科技创新与战略性新兴产业发展紧密结合，在具有基础条件与发展潜力的产业加大创新投入，培育一批世界级的创新型企业，打造一批国际领先的信息技术、生物医药、智能制造等高科技产业集群，抢占全球产业发展制高点。另一方面，把科技创新与城市空间布局结合起来，加强上海与长三角各省市的协同创新，立足区位优势和资源禀赋条件，促进科技、产业、商务、文化功能有机融合，建设一批特色鲜明、优势明显的科技创新集聚区和产业基地，在长三角乃至全国发挥辐射带动作用。

第六节　在沪国家战略科技力量与市场化科技成果转化的协同机制

在沪国家战略科技力量与市场化科技成果转化的协同机制，通过国家战略科技力量的主导、市场机制的纽带作用及创新链与产业链的紧密对接，形成了一个高效运转、互促共进的创新生态系统。这不仅加快了科技成果的转化和应用，也为区域经济和全球科技创新中心的建设提供了强大动力。

一、发挥新型举国体制制度优势和市场资源配置优势

在沪国家战略科技力量与市场化科技成果转化之间的协同机制，

是指国家战略科技力量与市场主体在协同创新项目中的互动模式和运行机制，是实现协同创新目标和任务的重要保障和推动力。在沪国家战略科技力量与市场化科技成果转化之间的协同机制应该充分发挥国家战略科技力量的技术优势和市场主体的资源优势，实现科技成果的快速转化和市场化。

以在沪国家战略科技力量为主体，更好发挥新型举国体制制度优势和市场资源配置优势，加强创新链和产业链对接，推动科研成果转化。习近平总书记高度重视科技创新和科技成果转化应用。习近平总书记在党的二十大报告中指出："加强企业主导的产学研深度融合，强化目标导向，提高科技成果转化和产业化水平。"促进科技成果转化和产业化是实施创新驱动发展战略的重要任务，也是加强科技与经济紧密结合、实现科技促进经济增长的核心关键。科技成果转化的本质是科技供给与市场需求对接，要立足市场应用，从科技成果产生的源头进行机制创新。

以在沪国家战略科技力量与市场化科技成果转化的协同，进一步强化在沪国家战略科技力量创新效能。一方面，在沪国家战略科技力量拥有丰富的前沿科技成果和技术储备，通过与市场需求对接，促进科技成果向市场化方向转移。协同机制可以有效地连接科研机构、企业和市场，整合包括技术、资金、人才等各方资源，为科技成果的市场化转化提供充足的支持，加速科技成果的转移和应用。另一方面，在沪国家战略科技力量与市场化科技成果转化的协同能够促进人才培养和引进工作，通过培养和引进具有创新意识和市场化转化能力的科技人才，为科技成果的市场化转化提供人才保障，吸引高水平的科技人才加入科技创新和市场化转化的队伍。

二、畅通市场化科技成果转化渠道

突破科技成果转化机制障碍。加强国家实验室、国家科研机构、高水平研究型大学技术转移转化体系建设，健全科技成果管理与转化服务机制，提升科技成果转化管理效能。落实科技成果转化政策，不断健全科技成果转化制度保障，推动国家级区域技术转移中心建设，持续推动市场化技术转移机构持续发展，推动现代技术要素市场稳步发展，进一步强化上海科技成果转化枢纽功能。

构建有利于科技成果转化的研发和产业化平台。鼓励科技领军企业联合国家实验室、国家科研机构和高水平研究型大学共建需求对接、优势互补、利益共享的科技成果转化平台，从源头上推动科技成果从实验室走向市场。一要加快建立以企业为主体，以高水平研究型大学、国家科研机构、国家实验室为依托，各创新主体共同参与的创新创业联合体，通过转让、并购、合作研发、参股、产权买断等方式，加快创新成果转化。二要加强技术交易市场建设。规范技术交易市场运行，完善全国技术交易信息发布机制。三要进一步完善科技评价机制，鼓励技术转移转化机构专业化、市场化、规范化发展，面向市场开展科技成果专业化评价活动。

激发科技成果转化主体的创新动力，完善科技金融服务体系，畅通市场化科技成果转化渠道。一是提高资本市场支持力度。通过巩固加深"科技＋金融"双中心联动的优势，构建良好的风投资本退出环境，畅通科技成果转化循环，让风险投资成为打通科技成果转化"最先一公里"的核心推动力。二是针对国家实验室、国家科研机构、高水平研究型大学、科技领军企业在科技成果转化过程中的不同特点，分类制定科技成果转化实施细则。三是在上海重点产业领域中挖掘具有突破潜力和发展带动力的技术赛道。对支持"卡脖子"技术转化的风投机构给予税收减免、人才认定等方面的政策优惠。四是上海科技成果转化的各项促进政策、落地细则应充分考虑科技成果转化的巨大不确定性，给予科技成果转化足够的空间与时间，允许转化失败的存在，让负责科技成果转化的领导干部敢于担责、能够担责、勇于担责，最大限度激活作为国有资产的科技成果产业化落地的潜力。

第七节　在沪国家战略科技力量与长三角区域创新的协同机制

在沪国家战略科技力量与长三角区域创新的协同机制是提升长三角区域的科技创新能力和产业竞争力、推动区域一体化高质量发展的重要路径。稳步推进制度型开放，以完善的创新生态服务体系、一流的营商环境吸引全球创新要素参与共建，推进高层次协同开放，努力成为畅通国内国际双循环的战略枢纽。

一、打造国家战略科技力量共同体

上海的创新要素集聚程度位居全国前列，其所背靠的长三角区域是我国综合实力最强、创新要素集聚程度最高、创新链条布局最均衡、产业配套基础较好的腹地。服务国家战略，充分发挥长三角区位优势，瞄准世界科技前沿、关键核心技术和产业制高点，率先成为全国高质量发展动力源，提升长三角科技创新共同体的全球竞争力。2023年11月30日，习近平总书记在上海主持召开深入推进长三角一体化发展座谈会时强调，深入推进长三角一体化发展，进一步提升创新能力、产业竞争力、发展能级，率先形成更高层次改革开放新格局，对于我国构建新发展格局、推动高质量发展，以中国式现代化全面推进强国建设、民族复兴伟业，意义重大。长三角区域要加强科技创新和产业创新跨区域协同。大力推进科技创新，加强科技创新和产业创新深度融合，催生新产业、新业态、新模式，拓展发展新空间，培育发展新动能，更好联动长江经济带、辐射全国。要跨区域、跨部门整合科技创新力量和优势资源，实现强强联合，打造科技创新策源地。要以更加开放的思维和举措参与国际科技合作，营造更具全球竞争力的创新生态。

上海强化国家科技力量要充分利用好长三角这一全国科技创新条件最好的腹地优势，打造国家战略科技力量共同体。腹地优势是上海科技创新发展的重大优势，也是上海全球创新策源地建设的最重要依托，上海推进强化国家战略科技力量发展，除了进一步利用好上海的创新资源，发挥出上海的优势外，还必须进一步借助上海处于长三角区域的区位优势，形成沪、苏、浙、皖良性联动、共同发力的创新局面。要充分发挥好上海强化国家战略科技力量的龙头带动作用，优化长三角区域国家战略科技力量布局和协同创新生态。上海应加强与长三角区域的协同合作，将在沪国家战略科技力量发展与长三角一体化相结合，形成差别发展、优势互补的国家战略科技力量体系，努力建成国内领先、全球知名的国家战略科技力量共同体。面向未来，上海的发展战略定位需放在国家对长三角发展的总体部署中来谋划和推动，充分发挥龙头带动作用，强化一体化思维和主动服务意识，与苏浙皖三省各扬所长，深化分工合作，相互赋能提速，共同打造强劲活跃增长极，辐射带动更广大区域发展。

以在沪国家战略科技力量与长三角区域创新的协同机制，强化长三角内部跨区域科创资源整合，打造国家战略科技力量新高地。一方面，通过在沪国家战略科技力量与长三角其他地区的国家实验室、国家科研机构、高水平研究型大学和科技领军企业合作，可以促进长三角区域内部的跨区域科技资源整合，实现资源共享和优势互补，推动科技创新和产业发展的协同发展。另一方面，在沪国家战略科技力量与长三角区域创新的协同机制有助于促进长三角区域的一体化发展，推动长三角区域科技创新资源的优化配置和高效利用，实现长三角区域内部的产业协同发展和科技创新共赢，推动长三角区域的科技创新和产业发展迈上新台阶，形成具有全球竞争力的科技创新集聚区和产业发展高地，为国家经济社会发展提供重要支撑和动力。

二、立足区域创新资源禀赋提升在沪国家战略科技力量综合实力

在沪国家战略科技力量与长三角区域创新的协同发展，要进一步强化上海科创中心的功能定位，加强在沪国家战略科技力量综合实力。立足三省一市区域创新资源禀赋条件，一是建立以区域一体化发展战略为指导的协同创新体系。协同创新体系应该以区域一体化发展战略为指导，以促进长三角区域的经济社会协调发展和科技创新水平提升为目标，以提高长三角区域的国际竞争力和影响力为标准，形成

一个战略引领、目标统一、标准一致的协同创新指导体系。在长三角区域创新协同水平不断提升的同时，也为国家实现高水平科技自立自强提供有力支撑。二是建立以资源共享和优势互补为手段的协同创新体系。协同创新体系应该以资源共享和优势互补为手段，以实现国家战略科技力量与长三角区域其他城市之间的科技资源、人才资源、资金资源等的有效流动和配置为目标，以提高资源利用率和效益为标准，形成一个资源整合、优势互补、效益共享的协同创新手段体系。三是建立以提高区域创新能力和水平为目标的协同创新体系。协同创新体系应该以提高区域创新能力和水平为目标，以实现国家战略科技力量与长三角区域其他城市之间的科技合作、人才交流、成果转化等为目标，以提高区域科技水平和社会贡献为标准，形成一个能力提升、水平提高、贡献增加的协同创新目标体系。四是共同实施一批关键核心技术攻关任务，加强长三角创新链、产业链协同，产生一批填补国内外空白的重大技术突破和创新成果。五是以上海为龙头，强化长三角科技创新共同体建设，打造未来产业新引擎。

第八节　在沪国家战略科技力量主导协同创新 与上海科技创新中心建设的协同机制

在沪国家战略科技力量主导的协同创新与上海科技创新中心建设的协同机制，是一个多方面、多层次的战略体系，核心在于充分发挥上海科技创新中心的区位优势，加速国家战略科技力量的结构调整和创新发展，以实现科技领域的重大突破和高质量成果转化。这一协同创新机制以国家战略科技力量为主体，围绕重大需求和战略使命，以市场机制为纽带，形成"核心力量—主力力量—参与力量"的共同参与模式。

一、国家战略科技力量与科技创新中心建设联动发展

强化国家战略科技力量，是上海国际科技创新中心建设的一项重大任务。上海作为建设中的国际科技创新中心，创新要素集聚程度高，科技创新能力强，承担了诸多国家赋予的重大战略任务，必将在强化国家战略科技力量中承担更大的使命、发挥更大的作用。坚持把强化国家战略科技力量与上海加快建设具有全球影响力的科技创新中心有机结合，实施联动发展，实现功能耦合与优势互补，全面释放两者协同促进的聚变效应。以强化国家战略科技力量为引领，进一步加快上海国际科技创新中心建设，增强科技创新和高端产业的策源功能，形成创新型国家建设的重要一级。

构建上海强化国家战略科技力量与国际科技创新中心建设的协同机制，通过推动建设国际科技创新中心促进强化国家战略科技力量，以强化国家战略科技力量进一步巩固国际科技创新中心的地位。一方面，上海承担着建设国际科技创新中心的使命，聚焦"四个面向"，强化创新策源能力，持续产出重大创新成果，有力支撑国家高水平科技自立自强。另一方面，上海强化国家战略科技力量契合于建设国际科技创新中心的目标，两者之间存在着内在逻辑机理联系。强化在沪国家战略科技力量和建设具有全球影响力的科技创新中心，这既是践行国家战略，也是上海实施创新驱动发展战略，突破自身发展瓶颈、

重构发展动力的必然选择。

二、以科技创新巩固在沪国家战略科技力量优势

加快建设具有全球影响力的科技创新中心，是以习近平同志为核心的党中央赋予上海的重大任务和战略使命，是上海加快推动经济社会高质量发展、提升城市能级和核心竞争力的关键驱动力，是我国建设世界科技强国的重要支撑。建设具有全球影响力的科技创新中心，国家战略科技力量是布局重点，大科学装置不可或缺。当前，要聚焦上海国际科技创新中心建设新阶段目标和任务，以强化科技创新策源功能，持续强化国家战略科技力量以及各主体之间的协同创新，加快突破关键核心技术。

国际科技创新中心的建设离不开国家战略科技力量的强化，强化在沪国家战略科技力量也是建设具有全球影响力的科技创新中心的重要一环，以科技创新进一步巩固上海强化国家战略科技力量优势。一要加快重大科技创新平台建设，提升上海原始创新能力。国家战略科技力量首先应该增强战略能力和基础能力，重大科技创新平台是其重要体现，要加快建设相关领域的国家实验室，开展战略性、前瞻性和基础性的重大科研布局。二要推动上海深度参与国家重大科技项目的研发和攻坚。要积极发挥基础能力强和科研队伍强的优势，探索在沪国家战略科技力量的协同攻关机制，不断丰富重大科研项目组织模式。三要深度融入全球创新网络，努力建设全球创新需求的发布地、全球创新成果的集结地和全球技术要素市场的重要节点。四要不断加快建设世界重要的人才中心和创新高地。

第六章
在沪国家战略科技力量协同攻关的制度设计、组织模式和实施路径

　　本章着重讨论在沪国家战略科技力量协同攻关的制度设计、组织模式和实施路径。制度设计强调对国家战略科技力量的协调动员能力，提出针对不同部门、央地及国家战略科技力量间的协同，以及政府、市场、社会协同。在科技评价与考核奖励制度方面，上海积极探索建立科技成果评价体系，对科技成果质量和应用价值进行全面评价，并改革科技人才评价机制，强化代表性成果评价，注重人才在国家重大科研任务中的表现。在组织模式方面，上海在国家战略科技力量协同攻关实践中，探索出多种组织模式，如联合攻关模式，旨在通过优化资源配置、强化创新主体间的合作，形成高效的科技创新体系，以期在全球科技创新竞争中发挥引领作用，并在长三角科技创新共同体中起到龙头带动作用。上海在科技创新协同攻关中明确实施路径，旨在打造具有全球影响力的科技创新中心，有力推动国家科技创新和经济社会发展。

第一节　在沪国家战略科技力量协同攻关的制度设计

　　加强国家战略科技力量协同攻关的制度设计，提高对各部门各领域战略科技力量的协调动员能力，针对部门之间、央地之间、国家战略科技力量之间协同，以及政府、市场、社会之间的协同，出台针对性的制度建议，有利于提高政策供给普适性和精准性。

一、探索建立"基础研究特区、科技创业特区、基本政策特区"三位一体的相关制度

　　"基础研究特区""科技创业特区""基本政策特区"已成为上海做强创新引擎、加快建成具有全球影响力的科技创新中心的创新举措。

（一）"基础研究特区"

　　"基础研究特区"设立于 2021 年，是上海市政府《关于加快推动基础研究高质量发展的若干意见》推出的创新举措。上海市首批"基础研究特区"分别是复旦大学、上海交通大学、中国科学院上海分院。上海市政府每年向每个特区投入 2000 万元，持续 5 年；三家单位以不少于 1∶1 的经费比例共同投入。特区实行"区长"负责制，拥有充分自主权。上海市第二批"基础研究特区"计划已启动，同济大学、华东师范大学、华东理工大学成为特区，每家单位每年将获得 1000 万元资助，持续 5 年。这 6 个"基础研究特区"都面向世界科

技前沿或国家重大需求，根据自身学科优势遴选项目，探索更适合基础研究特点的管理制度，力争产出一批重大原创成果。特区计划统筹部署重大科技问题带动与科研人员好奇心驱动的基础研究，力争培育更多"从0到1"的原创成果。由于鼓励青年人才投身创新性强、不确定性大的研究，一批在传统的政府科技计划中很难立项的课题，通过特区计划获得了数百万元资助。

赋予"基础研究特区"充分科研自主权，探索松绑放权的管理制度。重点在探索非共识项目的遴选机制、实施项目专员制度、改革人才和成果评价制度、建立容错机制等方面开展探索。支持机构自由选题、自行组织、自主使用经费，在科研组织模式和管理体制机制上给予充分改革探索空间。重点针对上海市具有基础研究显著优势的高校和科研院所进行长期、稳定资助，引导科研人员心无旁骛开展研究。紧跟科研人员的需求，在基础研究领域要加强长期稳定支持、厚植潜心研究氛围，健全完善上海基础研究布局体系，发挥部分具有突出优势的高校、科研院所的积极性和主动性，面向重点领域、重点团队，营造适合基础研究的"小环境"，加大力度推进原创性、引领性科学研究。强调长期稳定的实施周期。保证科研人员及团队获得相对充足的探索和研究时间，并且赋予特区充分自主权，激励科研人员潜心研究，减少各类申报所占据的时间精力。进一步从完善布局、稳定支持、高效管理、强化支撑、深化合作和优化环境六个方面推动"基础研究特区"高质量发展，具体包括引导高校、科研院所、企业与政府联合设立科研计划，多管齐下壮大基础研究人才队伍，加快促进"基础研究特区"发展。

（二）"科技创业特区"

创造有利于科技创业的制度安排、政策环境和创业条件，着力开发、集聚和管理区域内外科技创业的人才、技术、项目、资本等要素，增强区域科技创业的竞争能力和运营品质，以全面提升区域科技创业、科技中小企业发展和创业经济发展的总体水平和综合实力。进一步优化"科技创业特区"运营机制，构建特区行政管理体制和治理模式，建立促进科技创业人才成长与发展的人力资源开发机制体系，优化"科技创业特区"金融支持机制体系，建立和完善技术研发、成果转化的机制体系，逐步完善"科技创业特区"的功能运营体系。通过"科技创业特区"内新兴科技企业培育，不断助力关键核心技术的突破，强化国家战略科技力量。"科技创业特区"的建设，就是形成一个方便各类科技创业要素自由流动、高效配置的政策支持环境，减少科技创业的障碍。

建立"科技创业直通车"政策支持，包括对科技创业企业的人员、项目的认定条件和创业企业设立的条件，为创业企业提供经营场地、前期资金等的相关政策，投资机构、金融机构为创业企业提供投资和金融服务的支持政策。比如，可以制定科技创业者"零首付"注册企业政策、创业者"零租金"首租经营场地办法、科技创业者在创业前三年保留原单位人事编制规定等。

建立科技创业载体的政策支持，包括载体建设投资体制与投融资管理政策，对经营管理载体企业的鼓励、引导与管理的政策，载体建设用地的批租、转让、定价等的政策，载体物业资产经营与产权运作的政策，载体引进、培育和服务科技企业的政策等。扶持科技创业企业发展，建立完整的、连续的支持科技企业发展的政策体系，包括支持企业引进技术人才和紧缺经营管理人才，企业技术创新、技术改造、知识产权获取与保护等，企业新科技项目上马的资金筹措，科技企业在创业板、中小企业板、海外证券市场上市融资等一系列企业发展上的支持政策。

（三）"基本政策特区"

国家战略科技力量政策是创造创新环境和激发战略科技力量创新活力的重要手段。国家战略科技力量内涵丰富，且具有显著的时代特征和承担特殊历史使命，需要多样化的政策工具来推动强化国家战略科技力量。因此，亟须试点建设一个"基本政策特区"，在特区内构建一套理论扎实、逻辑清晰和丰富多样的国家战略科技力量政策体系，以推动国家战略科技力量良好发展。

"基本政策特区"内要有顶层设计、长远规划、先行先试、综合施策和分步实施国家战略科技力量基本政策，形成覆盖全面、门类齐全、工具多样的中国特色国家战略科技力量政策体系。其中包括：涉及科技人才、科技投入和科技设施与条件等创新要素的政策；涉及围绕国家实验室、国家科研机构、高水平研究型大学和科技领军企业等国家战略科技力量创新主体的政策；创造有利于要素流动、主体互动的制度条件，加强创新主体关联的政策；产业前端的科技供给和后端的产业标准和市场准入等方面提供针对性的公共资源和政策供给；建设各具特色和优势的区域创新体系，打造区域创新高地，推动国家战略科技力量区域协同创新政策；坚持全球视野谋划和推动科技创新，坚持"引进来"和"走出去"并举的开放创新政策；营造良好创新生态系统，鼓励探索、激励创新、宽容失败的市场环境和制度条件；建立有效的系统反馈机制。

2023 年 11 月 30 日，习近平总书记在深入推进长三角一体化发展座谈会中强调，长三角区域要加快完善一体化发展体制机制。必须从体制机制上打破地区分割和行政壁垒，为一体化发展提供制度保障。要增强一体化意识，坚持一盘棋思想，加大制度和体制机制创新力度，在重点领域重点区域实现更大突破，加强各项改革举措的系统集成和协同配合，推动一体化向更深层次更宽领域拓展。要循序渐进推进基本公共服务制度衔接、政策协同、标准趋同，分类推进各领域公共服务便利共享。

在发展已相对比较成熟的"基础研究特区""科技创业特区""基本政策特区"等发展模式的基础上，探索建立"基础研究特区、科技创业特区、基本政策特区"三位一体发展体制机制，增强一体化意识，不断进行制度机制的创新，实现政策特区互动和物理空间深层次的联动。

二、探索建立在沪国家战略科技力量协同攻关的科技评价与考核奖励制度

习近平总书记强调："加快实现科技自立自强，要用好科技成果评价这个指挥棒，遵循科技创新规律，坚持正确的科技成果评价导向，激发科技人员积极性。"

（一）科技成果评价

科技成果评价是指对科研成果的工作质量、学术水平、实际应用

和成熟程度等予以客观的、具体的、恰当的评价。科技成果评价的目的是提高科技成果的质量和水平，以及其在学术和应用方面的价值和潜力。科技成果评价主要包括以下四个方面：

工作质量评价：对科技成果的研究过程、实验数据、工作报告、技术方案等进行评估，评价其工作质量是否符合科学规范和要求。

学术水平评价：对科技成果的学术水平进行评估，包括理论深度、技术水平、创新性、前沿性等方面，以确定科技成果在学术领域中的地位和价值。

实际应用评价：对科技成果的实际应用价值和适用范围进行评估，包括技术应用的可行性、市场需求、经济效益等方面，以确定科技成果在实际应用中的潜力和贡献。

成熟程度评价：对科技成果的技术成熟度和市场成熟度进行评估，包括技术的稳定性、可靠性、安全性、市场接受度等方面，以确定科技成果的成熟程度和发展前景。

通过科技成果评价，可以确定科技成果的质量和水平，提高科技成果的成熟度和可靠性，为科技成果的转化和应用提供支持和保障。同时，也可以帮助科技人员了解科技成果的优势和不足之处，为科技人员提供改进和提升的方向和指导。

（二）科技人才评价

科技人才评价既是激发人才活力的重要举措，也是建设人才队伍的重要抓手，有利于激发攻关人才的积极性和创造性。通过构建科学、规范的科技人才评价体系，引导人尽其才、才尽其用、用有所成，才能创造出显著的经济效益和社会效益，推动高质量发展。要强化科研攻关的结果和效果评价，淡化攻关人才的过程评价和短期考核；要注重项目评价与个人评价相结合，完善人才在项目攻关中表现评价与单位对其职称职务考核的联动互认机制。建立攻关项目、攻关平台举荐人才渠道，允许推荐有突出贡献的攻关人才入选国家重大人才工程、参评国家科技奖励、增补两院院士等。落实以增加知识价值为导向的收益分配政策，对于成果归国家和集体所有的项目，加大对攻关人才的绩效工资和奖励分配力度；对于攻关项目可以共享分配的成果或延伸研究取得的成果转化，可以赋予科研人员对成果的长期使用权或收益权。

深入推进科技人才评价体制机制改革，使得人才活力不断激发、创新成果不断涌现、创新生态不断优化。深入实施人才强国战略，细化完善科技人才评价标准。根据不同领域、不同行业、不同层次科技人才的特点，制定不同的评价标准，打造更为精细化的科技人才分类评价标准体系，并且完善评价标准动态调整机制。加强对科技人才科学精神、学术道德等方面的评价考核，对学术造假和职业道德失范行为采取"一票否决制"。坚持"破四唯"和"立新标"并举，强化代表性成果评价制度，注重代表性成果的数量、质量协同评价及其影响和贡献度。将国家重大科研任务完成情况、学术贡献与影响力、技术突破和产业贡献、共性关键技术开发服务等方面的业绩和贡献，作为科技人才评价的重要条件。探索承担国家重大科研任务的科技人才评价标准的开发工作，服务国家重大战略需求。

创新科技人才评价方式。依据科技人才创新活动类型的差异，对科技人才开展分类评价。对于承担国家重大攻关任务的人才评价，主要依据市场用户的评价，同时采取"个人＋团队"的评价方式；对于基础研究类的人才评价，主要采用同行评价，特别是"小同行"评价，还可探索学术团体等第三方评价、国际同行评价等方式；对于应用研究和技术开发类的人才评价，主要采用"专家＋市场"的评价方式，并引入"用户＋第三方"的评价方式；对于社会公益研究类的人才评价，采用社会化评价方式，注重"用户＋政府＋社会"的评价方式。也可以采用"内部＋外部"的评价方式。内部评价由用人单位学术委员会或组建评价专家组进行综合评价，并可结合民主评议的方式进行；外部评价可通过委托专业科技人才服务机构等开展第三方评价的方式，并结合用户满意度测评等方式开展评价。

科学使用科技人才评价结果。坚持使用牵引的原则，把评价结果作为绩效考核、岗位聘用、职称评审、薪酬待遇、表彰奖励等的重要依据，促进人才评价与发现、培养、使用、激励等机制有效衔接。充分发挥人才评价正向激励作用，激发和释放人才创新创业活力。对评价结果优秀的人才，在各类人才称号申报、岗位空缺时优先考虑适时晋升职级，在项目立项申报、科研经费等方面加大支持力度；对有发展潜力的人才，采取培训、任务牵引等方式加强培养，提升能力和素质。强化结果导向，进一步完善成果奖励、项目奖励、特殊津贴相结合的优秀人才支持激励体系，引导各类优秀科技人才服务国家发展。

加强科技人才评价保障工作。一是合理确定科技人才评价考核周期。不同类型的科技人才其成长和发展规律不尽相同，应基于不同类别、不同层次，合理确定科技人才评价周期。二是建立健全人才评价专家数据库。明确专家库入库标准、专家遴选规则，建立专家信息更新、诚信记录、动态调整、责任追究和退出机制，规范专家评审行为。三是加快科研信用体系建设。对科技人才进行信用评级，并将信用评级结果纳入监管系统进行管理，为科技人才科研诚信评价提供依据。四是营造科技人才评价良好氛围。从宏观管理、政策法规制定、公共服务及监督保障等方面改进政府人才评价工作，推动人才评价管理部门转变职能、简政放权。加强人才评价文化建设，营造有利于人才成长和发挥作用的评价制度环境。遵循科技创新规律和人才成长规律，以创新价值、能力、贡献为导向，从人才评价标准、评价方式、评用结合、用人单位责任及服务保障等方面创新突破，完善科技人才评价体系。

三、探索建立在沪国家战略科技力量的科技成果转化制度

近年来，国家先后出台一系列法律法规及政策方案，创新促进科技成果转化的机制和模式，开展职务科技成果赋权改革，放宽国有资产管理限制，着力破解科技成果转化桎梏。在沪国家战略科技力量应充分把握加快建设具有全球影响力的科技创新中心契机，深入实施创新驱动发展战略，树立"科技成果只有转化才能真正实现创新价值、不转化是最大损失"的理念，创新促进科技成果转化的机制和模式，着力破除制约科技成果转化的障碍和藩篱，促进科技与经济深度融合。

目前在成果保护水平、赋权规范程序、国有资产管理体制、转化责任豁免等方面仍存在诸多障碍，需要运用系统思维，整体推进赋权机制改革，破除成果转化瓶颈，形成可复制、可推广的经验。坚持

"问题导向，精准施策"的原则，聚焦科技成果转化的"细绳子"堵点问题，注重改革举措的可操作性，统筹协调更多技术要素市场资源，汇聚更多专业力量，予以支撑保障。

一是细化职务科技成果赋权程序，激发科研人员成果转化的动力。根据不同成果类型和科研人员意愿，赋予科研人员职务科技成果所有权或长期使用权，合理约定权属比例、收益分配、行使规则、费用分担及专利维持费等。对既有专利，经科研人员申请并与单位签订协议后，在国家专利行政部门进行专利权属变更；对于单位已经提出的处于审查中的专利申请，经科研人员申请并与学校签订协议后，由单位单独申请变更为单位与科研人员共同申请；对于新的专利申请，科研人员选择与学校共同申请的，由单位与科研人员签订协议后共同申请。科研人员选择不享有所有权的，或是不宜确权分割的职务科技成果，所有权归单位所有，单位可给予科研人员不低于10年的长期使用权。

二是规范职务科技成果资产管理机制，缓解转化科研人员担心事后追责的焦虑。严格管理制度及操作流程，将科技成果管理贯穿项目的选题、立项、实施、验收、成果转移转化等环节。规范职务科技成果分割确权或赋予长期使用权、成果定价、公开公示、协议签订、作价投资、收益分配等工作流程，确保科学合理、操作性强。根据不同的成果转化方式，完善职务科技成果的定价、转让、出资等流程，引导支持潜力成果作价入股，以"追求转化效率和价值最大化"为目标，实现国有资产的高效利用与健康运营。建立成果披露机制，发布赋权范围及负面清单，确保国家安全和公共安全。完善赋权公示程序，职务科技成果由单位与科研人员混合所有的，对权利归属、份额比例、具体权能等进行登记和公示，科研人员享有长期使用权的，明示权利范围、许可期限等，保障交易安全。要构建科技成果转化尽职免责机制，对参与赋权且没有非法牟利的工作人员，免予追究其在科技成果定价、自主决定资产评估及职务科技成果赋权中的决策失误责任；实现科技、教育、审计、巡视等多部门联动，明晰决策豁免机制，有效缓解成果转让人员的顾虑，降低转化人员因担心追责而"被动规范"决策导致的机会成本。

三是强化成果转化的应用导向，提升研发创新的内生动力。通过职务科技成果赋权，使科研人员提前拥有产权，从而激发创新和转化的动力。优化科研评价，强化应用导向，提升成果转化在职称评定、岗位聘任、人才评价、绩效考核等中的比重，完善技术转移人才评价和职称评定制度。建立对在科技成果转化中作出重要贡献人员进行激励的长效机制，如科研人员获得职务科技成果转化奖励不受绩效工资总量限制，不纳入总量基数。

第二节　在沪国家战略科技力量协同攻关的组织模式

在国家战略科技力量科技创新过程中，体制机制是基础保障，联合攻关是主要形式。由于承载着建设具有全球影响力的科技创新中心和在长三角科技创新共同体中作为"龙头"等诸多国家重要战略部署，上海在科技创新协同攻关的过程中已探索和践行出一些比较成熟的组织模式。

一、具有上海特点的新型举国体制

新型举国体制是资源整合与市场效率之间融合平衡的机制，具有"双轮驱动"的强大生命力和制度创新优势。上海作为国际金融中心、国资国企重镇，在率先落实新型举国体制、加快金融资本服务科创及实体经济上具有天然优势，应尽快通过金融服务蓄力，赋能"新型举国体制"，融通政府型资金与市场型金融两种资源，深化金融体制改革，构建实体经济与资本市场共同成长、共享利益的新型机制，破解金融支持科创效能不足的痛点难题。

面对新型举国体制赋予国企的探路者、引领者和主力军的使命责任，上海需要发挥国资国企优势，以打造原创技术策源地和现代产业集群高地为目标，通过加快国有经济布局优化和治理优化培育世界一流企业。

可依托上海科创金融改革试验区和临港新片区高水平金融改革开放压力测试地，稳妥试点放松银行机构参与科创板、新三板等直接融资市场的限制，同时，创新监管技术以压缩股权市场脱实向虚的空间，提升银行服务全生命周期、全过程、全阶段不同形式创新融资需求的便利度，进一步拓宽金融资本和现代创新型经济融合的深度、广度和速度。

例如，作为本书课题组调研对象的上海某国家实验室，以重大科技任务攻关和大型科技基础设施建设为主线，聚集国内外高端科技资源，开展战略性、前瞻性、基础性、系统性、集成性科技创新，实现基础科学原始创新能力有新突破和关键核心技术重大发展，该国家实验室按照"四个面向"的要求，积极探索新型科研机构管理体制和运行机制。

二、具有上海特点的揭榜挂帅模式

揭榜挂帅模式是我国继续深化科技体制改革、集中攻关产业链关键核心技术和突破"卡脖子"问题、提升我国产业基础能力和产业链现代化水平的重要改革举措之一。揭榜挂帅是指针对目标明确的科技难题和关键核心技术攻关，设立项目或奖金向社会公开张榜征集创新性科技成果的一种制度安排。揭榜挂帅作为一种新型的科研项目管理的制度安排，在组织实施中一般应坚持问题和目标导向、以最终用户为本、"英雄不问出处"及充分放权赋权的原则。

从创新视角来看，揭榜挂帅是实现用户创新和开放式创新的一种制度安排。熊彼特认为，应对危机的根本对策及实现国家经济增长的关键是企业家"不间断的创新行为"，即企业家持续创造性地革新生产要素的组合。然而伴随创新复杂度的提升，从生产者视角出发的封闭垄断式创新，不仅需要较长的研发周期和较高的成本，还极有可能失败，大大降低了创新活动在实践中的成效，抑制了创新带来的社会活力和发展动力。

从经济学视角来看，作为用户创新和开放式创新理论的现实运用，揭榜挂帅通过扩大创新来源，为创新主体搭建了一个有效的技术信息分享和需求匹配平台，从而在一定程度上缓解了创新市场中科研项目与市场需求结合度不高的信息不对称矛盾。尤其是，高校的科研项目往往注重的是学术创新，而不是市场需求，其考评机制也更看重学术论文发表，而不是研究成果的实际应用。对此，揭榜挂帅模式通过将企业难以解决的技术难题张榜出来，向创新主体传达了当前的市场需求和行业发展方向，使得揭榜方能够依据榜单信息调整、优化资源投入，让科技创新更具针对性、精确性和时效性，从而以需求倒逼科技成果转化。

2022 年 10 月 28 日，上海市第十五届人大常委会第四十五次会议表决通过了《上海市浦东新区优化揭榜挂帅机制促进新型研发机构发展若干规定》（以下简称《若干规定》），于 2022 年 12 月 1 日起施行。揭榜挂帅机制是面向科技前沿、面向研发主战场的新型科技项目组织方式。这意味着在创新项目申报方面，浦东新区将遵循"英雄不问出处""看能力、不唯资历"的原则。这有助于选出平时较难发现的种子选手，让有实力的科研机构拥有更多展现能力的舞台。《若干规定》明确，在浦东新区设立创新项目揭榜挂帅公共服务平台，服务平台坚持非营利和公益性属性，按照专业化、社会化的运作要求委托专门机构运营，与有关企业、机构、产业基金和创投基金等开展合作，接受区科技经济部门监管；通过服务平台开展创新项目揭榜挂帅活动的规则由浦东新区人民政府制定；同时明确设立专家委员会和专家库，专家委员会和专家库的名单向社会公布。例如，本书课题组调研对象中，大飞机创新谷通过采用揭榜挂帅（需求发布，多轮 pk）、"赛马制"（多元化合作、多渠道寻优）、"办事不出谷"等机制，发挥广泛聚合国内外院士、专家、高校、企业等合作伙伴力量开展协同创新、实施产业带动的平台作用，是承接国家、地方科技创新政策，探索科技体制机制创新的特区。

三、区域创新集群的组织模式

区域创新集群是指以地理空间集中的高技术产业集群为基础，由企业、科研院所、高校、政府、中介服务组织等构成，通过产业链、价值链和知识链形成具有集聚经济和知识溢出特征的技术经济网络。从世界范围看，无论是发达国家还是发展中国家，都把培育发展区域创新集群作为推动产业创新发展、打造国家竞争优势的重要举措。

加快培育发展区域创新集群，有利于完善区域创新战略实施总体布局，更好利用重点区域创新资源集聚优势，推动重点区域率先实现创新驱动转型，使之成为中国经济高质量发展的战略支点。从国际经验看，区域创新集群普遍具有如下特征：紧密依托高校及科研院所等智力资源，突出龙头企业示范引领作用，引导发挥社会资本关键作用，支持各类主体建立非正式网络，鼓励创新的移民文化和企业家精神，创造吸引创新人才的软硬件条件，制定针对性扶持政策等。中国培育发展区域创新集群应遵循其形成发展的内在规律，立足区域基础条件，打造各具特色的区域创新集群。

新时代中国加快培育发展区域创新集群，需要围绕其核心内涵、发展定位和布局安排，大胆改革，积极探索，打好政策"组合拳"。第一，加强科技基础设施和创新载体建设。科技创新方面，统筹科研基地、科技资源共享服务平台和科研条件保障能力建设，加大对基础前沿科学研究和大科学装置建设的支持力度。第二，发挥社会资本推动区域创新集群建设的主力军作用。引导地方政府、地方投资平台联合各类金融机构、社会资本，共同发起成立区域创新集群开发资金或基金，投资重大项目建设与运行，推动国家、地方、社会资本联动协作。第三，营造汇聚创新要素的体制机制和政策环境。坚持目标导向和问题导向，加快转变政府科技管理职能，切实从分钱、分物、定项目转到制定政策、创造环境、搞好服务上来，着力构建良好的科研生态体系。

上海致力于打造追求卓越的全球科创城市，目前已形成张江核心区、临港、大虹桥、杨浦、漕河泾、紫竹、安亭、松江、大零号湾等创新功能集聚区。其中，张江核心区以科研为主，包括生物医药、集成电路、人工智能、在线新经济等；临港以集成电路、整车制造、海洋工程、航空制造等为主；大虹桥以大商务、大会展、大科创，打造辐射长三角的国际商务区；杨浦以双创经济为主，发展科技服务、创意设计、在线新经济；漕河泾以聚焦"0—1"环节科创，发展电子信息、新材料、生物医药、新能源等；紫竹以科研、科教相结合，发展集成电路与软件、新材料、新能源、数字内容等；安亭以世界级汽车产业核心承载区，发展汽车全产业链；松江依托松江大学城打造双创经济，发展智能制造、电子信息、生物医药等；大零号湾重点聚焦AI+生物医药、新型储能、超导技术、卫星通信、工业机器人等细分领域，进行原始创新突破。

四、科创载体集聚创新发源地模式

科技创新创业载体（以下简称"科创载体"）是指为满足大众创新创业需求，以促进科技成果转化、培育科技企业和企业家精神为宗旨，提供低成本、便利化、全要素的开放式平台和专业化服务的科技创业服务机构，是区域创新体系的重要组成部分、创新创业人才的培养基地、大众创新创业的支撑平台，主要包含科技企业孵化器、众创空间以及大学科技园等。

科创载体作为一种基础设施，具有公共产品和社会公益性的特征，为更好地发挥科创载体的作用，促进科技创新创业的发展，科创载体应遵循"政府支持、市场运作、创新发展"的基本思路，采用政府与市场相结合的模式。该模式的总体发展框架如图 6-1 所示。

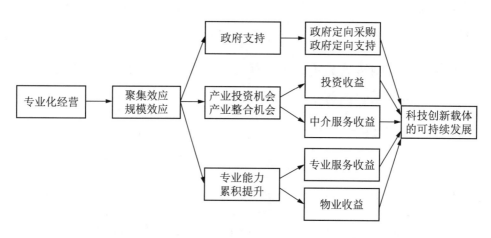

图 6-1　科创载体发展的主要模式

2023 年 7 月印发的《上海市高质量孵化器培育实施方案》提出：到 2025 年，培育不少于 20 家高质量孵化器，示范带动不少于 200 家孵化器实现专业化、品牌化、国际化转型升级；带动形成若干孵化集群，打造 2—3 个千亿级产值规模的"科创核爆点"，初步建成全球科技创新企业首选落户城市。超前孵化是《上海市高质量孵化器培育实施方案》提出的新模式，可以让孵化器与科学家深度合作，提升创新策源功能。

为进一步提升科技创新创业载体发展效能，营造良好的创新创业环境，服务上海建设具有全球影响力的科技创新中心建设，2023年10月12日，上海市科委印发《上海市科技创新创业载体管理办法》，其中包括鼓励各区域以专业化创新创业载体为基础，集聚企业、高校、科研院所、新型研发机构、投资机构、科技服务机构等各类科创资源，建设科技创新创业集聚区，形成"众创—孵化—加速—产业化"机制，提供全周期创业服务，营造科技创新创业生态。

目前，上海积极推进大零号湾科技创新策源功能区建设，从零号湾到大零号湾，不仅仅是区域面积的相关扩大，并不是简单地从一栋楼到一群楼、从几千平方米到17平方千米这一物理空间的扩大，而是从"创新平台"向"创新生态系统"的转变。目的就是要通过构建"政产学研中用金"一体化的协同创新体系，吸引高校、科研院所、科技领军企业、科技服务机构、金融机构等各类主体集聚，促进人才、技术、资金等要素自由流动、良性互动、融合发展，最终将大零号湾打造成为区域创新创业的"科创核爆点"。

大零号湾将继续深度推进"校区、园区、城区"联动发展，以强化科技创新策源功能为主攻方向，推动创新链、产业链、资金链、人才链深度融合，更好发挥科创园区引领和策源作用，树立科技创新全链条观念，加快推动形成科学家敢干、资本敢投、企业敢闯、政府敢支持的创新资源优化配置方式、打造创新发展新引擎，有效促进科创和产业共振、人才和创新共鸣，让大零号湾成为最具科创特色的闵行创新核爆点。

五、"政产学研中用金"合作模式

"政"，政府推动科技创新的协调联动机制更加完善，强化政府引导为科技创新提供制度保障；"产"，企业创新主体地位更加突出，产业集聚培育；"学"，共建创新平台，激励各类人才创新活力；"研"，全社会研发投入持续增长，国家级重大创新平台、数量实现倍增；"中"，中介服务提效率，科技服务实现专业化、产业化、品牌化发展；"用"，科技成果转化，技术创新的市场导向机制更加完善，提高科技进步贡献率；"金"，金融配套提供资金保障，形成多层次、多渠道、多元化的创新投入机制。

"政产学研中用金"的有机结合及协同科技创新机制很大程度上决定了其创新体系效能。在提高科技成果转移转化的成效，促进新科技产业化、规模化应用过程中，首先要在体制、机制、政策措施上深化改革，充分发挥政、产、学、研、中、用、金方面的协作。

六、"基础研究—应用研究—科技创业"线性一体化模式

"创新的线性模式"由经济学家引入和传播，这一模式的建立主要是基于：基础研究之后是应用研究，后者经过开发，最终将成为创新。

我国基础研究正在从"跟踪学习"向"原创引领"转变，抓住科技革命和产业变革新机遇、实现高水平科技自立自强、建设科技强国，迫切需要推动基础研究高质量发展。重点任务包括六个方面：强化体系布局、深化体制机制改革、形成骨干网络、培育高水平人才、

加强国际合作、弘扬科学精神。要优化发展模式，构建新时代基础研究高质量发展新格局；增加基础研究多元化投入力度，优化科技资源配置机制；加强基础研究人才队伍建设，完善培养、发现、使用机制；提升科技基础能力，形成具有全球竞争力的、涵盖开放创新生态等方面的强化保障措施。

从科技创业过程的角度看，科技创业被界定为以高科技为支撑、从事具有较好发展前景的科技产品研发、雇佣高质量科技人员的创业活动，是从市场中发现机会并通过技术创新或采纳技术发明进而创办新企业的一种行为。从科技成果转化的角度看，科技创业被界定为通过科技成果产业化来创办新企业或者形成新产业、向社会提供新产品或新服务、为用户创造新价值、为企业开拓新市场、为创业者带来盈利和回报的一种创业行为。科技创业的最基本特征是科技创新，就是通过科技创新建立新企业、开展新经营的具有风险性的创业活动，科技创业者是最具有企业家冒险精神的经济领域先行者。

在"基础研究—应用研究—科技创业"线性一体化模式下，主要体现有：第一，大型企业自我建立开放式创新平台。例如，中国宝武打造众研平台，连接下游用户、连接技术创意、连接合作伙伴。中国科学院上海硅酸盐研究所已成为集材料前沿探索、高技术创新、应用发展研究于一体的无机非金属材料科研机构，形成了"基础研究—应用研究—工程化、产业化研究"有机结合得较为完备的科研体系。第二，企业间开放式创新平台。例如，上海浦东全面启动实施大企业开放创新中心计划，充分发挥大企业的创新资源和全球创新网络优势。第三，企业与高校院所主动对接。例如，上海润坤光学科技有限公司主动与同济大学合作，依托优势学科共同成立企业实验室。第四，政府牵头以企业为主体的创新组织模式。例如，上海市科委与联影集团签订了推进基础研究及应用基础研究合作框架协议，双方将联合首设"探索者计划"；与上海企业进行沟通形成需求"榜单"，进行揭榜挂帅等。

七、"战略科技力量—产业—政府"三重螺旋模式

在三重螺旋模式中，创新并不是线性的，而是根据互动和递归进行扩展的。其发展有四个维度：第一是在每个螺旋的内部进行改革；第二是一个螺旋对于另一个螺旋的影响，如政府政策的改变导致产学关系的改变；第三是创造出由三条螺旋相互作用而产生的制度结构的新叠加，如三者共同参与的区域研究中心或战略联盟的出现；第四是出现三螺旋网络的递归效应，通过改变战略科技力量、产业和政府的关系，实现更大社会范围的创新。三重螺旋模式理论的核心价值在于将具有不同价值体系和功能的战略科技力量、产业和政府作为一个相互作用的整体置于创新体系中，打破机构之间的界限，并在机构职能重叠的区域构建起创新机制。

在"战略科技力量—产业—政府"三重螺旋模式中，包括螺旋内部的进化（如大学与科研、企业与产业、政府与制度）、螺旋之间相互影响，使得政府、高校、企业和科研机构的创新价值发挥最大作用。现代产业体系构建需要三重螺旋推进：政产学研在资源共享、优势互补、成果转化、风险共担的基础上，促进突破性创新、颠覆性创新、渐进性创新和持续性创新，从而发挥撬动产业杠杆、重构产业结构、带动产业发展和辐射产业生态的作用。例如，本书课题组调研对

象上海交通大学，作为服务国家战略发展的高等院校，探索建立了新时代促进科技成果转化的体制机制，形成了成熟定型、可复制推广的科技成果转化路径和模式，打通了科技成果转移转化"全链条"。

八、创新生态系统模式

创新生态系统的概念最早由 Adner 界定为：焦点企业与上下游企业将优势资源进行重组来满足消费者需求的系统。[1]创新生态系统具有开放性、协同性、多样性、自组织性与平衡性的特点，是创新体系、创新网络和创新环境的集合，即是指一定地域内相互作用的各种创新机构（企业、高校、研究机构）与创新服务机构（政府、金融、法律、中介等）和创新环境的各个要素之间形成的统一整体。另外，基于创新网络视角，创新生态系统的构建是围绕一个核心平台或企业建立起来的组织间网络，创新网络将生产者与产品使用者联系起来，基于各类协同创新活动和网络联系相互作用并不断演进，共同创造新的价值。创新生态系统中的主体，以系统内部知识、人才、资金、信息等为媒介，通过物质和能量的转换传递，形成自身的交流方式，并以此为基础建立一个内部组织关系稳定的系统。这种模式属于从孤立到共生、从静态到动态的创新生态系统模式。不同于产业结构理论或资源基础理论的核心思想，创新生态更侧重于分析外部效应与跨组织功能互补影响下的竞争关系，即通过建立战略联盟、平台组织等

---

[1]　Adner R., "Match Your Innovation Strategy to Your Innovation Ecosystem," *Harvard Business Review*, 2006, Vol. 84, No. 4, pp. 98—107.

方式，来实现利益共享和风险共担，其本质是形成共赢的"非零和博弈"，产业主体之间形成"共荣辱"的创新氛围，创新生态系统中的人才、信息、技术等资源都是共享的互补的，创新生态系统达到协同化发展。

目前，大零号湾的建设机制就是符合前述"战略科技力量—产业—政府"三重螺旋模式和创新生态系统模式的重要体现。

一是以科技为支撑。围绕国家战略、科技前沿和区域发展重大需求，依托大零号湾内的高校、科研院所、龙头企业人才和资源优势，加快推动全国重点实验室、新型研发机构、大企业开放创新中心等高水平创新机构建设和能级提升，不断增强基础研究、应用基础研究和技术创新能力，扩大高水平科技供给。

二是以产业为牵引。推动科技成果加速转变为现实生产力，结合大零号湾地区优势产业特色，聚焦生物医药、人工智能等领域重点发展方向，积极探索"科研＋产业"的创新模式，促进市场需求、研发成果、产业供给的有效对接、高效互动，提升科技成果转移转化和产业化水平。同时，着眼于前沿技术、未来技术的发展和突破，加速培育未来先导性产业。

三是以生态为保障。从创新创业者的需求出发，持续优化营商环境，推动科技成果转化等改革试点先行先试，为科研人员、创新主体创新创业"解绑""松绑"；强化科技金融支撑，引导社会资本投早、投小、投科技，营造鼓励创新、宽容失败的氛围。同时，对标硅谷、中关村等世界一流创新社区，充分挖掘上海交通大学、华东师范大学、紫竹及周边区域各类资源，打造高品质科创街区、科创社区。

九、长三角科技创新共同体模式

长三角地区涵盖上海、江苏、浙江、安徽三省一市，是我国经济最活跃、开放程度最高、创新能力最强的地区之一。长三角地区要瞄准世界科技前沿、围绕国家重大需求，加快建设长三角科技创新共同体，努力建成具有全球影响力的科技创新高地。目前，在宏观政府层面上，长三角地区的协作实行决策层、协调层和执行层"三级运作、统分结合"的区域合作机制。在微观企业层面上，长三角地区正在努力构建以竞争为法则，以分工与协作为主要目标，以企业内在需求为动力的跨区域经济合作新机制。以大型企业集团为引领，以企业兼并收购重组为合作方式，以产业集群为空间形式，努力形成跨区域宏观治理机制与微观企业动力机制两者相得益彰的协同创新局面，从而成为长三角地区一体化和科技创新共同体的基石。长三角地区通过制度创新系统集成，打通约束科技协同创新的制度性堵点，综合利用区域内创新资源，以协同和协作方式推进科技创新，提高区域产业技术水平，引领区域经济增长从要素驱动向创新驱动转型。

2022 年 8 月，上海、江苏、浙江、安徽三省一市科技部门联合发布了《三省一市共建长三角科技创新共同体行动方案（2022—2025年）》，提出："立足三省一市科技创新资源禀赋，聚焦重大科学问题、重点技术领域、重要产业方向，依托重大项目、重大平台，集中力量持续突破，到 2025 年，长三角科技创新共同体创新策源能力全面提升，若干优势产业加快迈向世界级产业集群，区域一体化协同创新体制机制基本形成，初步建成具有全球影响力的科技创新高地。"

长三角科技创新共同体建设已成为响应长三角区域一体化发展国

家战略、支撑长三角区域高质量发展的重要战略抓手，对于深化我国科技体制机制改革，推动政产学研深度协同和区域科技创新资源自由流动、优化配置都是一种率先探索，将更好地促进我国高科技产业向全球价值链中高端攀升。

2023 年 11 月 30 日，习近平总书记在深入推进长三角一体化发展座谈会中强调，长三角区域要加强科技创新和产业创新跨区域协同。大力推进科技创新，加强科技创新和产业创新深度融合，催生新产业新业态新模式，拓展发展新空间，培育发展新动能，更好联动长江经济带、辐射全国。要跨区域、跨部门整合科技创新力量和优势资源，实现强强联合，打造科技创新策源地。要以更加开放的思维和举措参与国际科技合作，营造更具全球竞争力的创新生态。长三角区域要加快完善一体化发展体制机制。必须从体制机制上打破地区分割和行政壁垒，为一体化发展提供制度保障。要增强一体化意识，坚持一盘棋思想，加大制度和体制机制创新力度，在重点领域重点区域实现更大突破，加强各项改革举措的系统集成和协同配合，推动一体化向更深层次更宽领域拓展。要循序渐进推进基本公共服务制度衔接、政策协同、标准趋同，分类推进各领域公共服务便利共享。要加强各类交通网络基础设施标准跨区域衔接，提升基础设施互联互通水平。要加快长三角生态绿色一体化发展示范区建设，完善示范区国土空间规划体系，加强规划、土地、项目建设的跨区域协同和有机衔接，加快从区域项目协同走向区域一体化制度创新。要推进跨区域共建共享，有序推动产业跨区域转移和生产要素合理配置，使长三角真正成为区域发展共同体。

第三节 在沪国家战略科技力量协同攻关的实施路径

协同攻关体现在聚焦创新链不同阶段的战略科技力量主体之间的协同，基于国家战略目标，科学发现、技术创新和工程创造等链条中不同类型主体根据自身的功能定位和优势特长，依托产业链核心枢纽平台，进行"串行式分工"并开展"接续式攻关"，实现"0—1—10—∞"的创新效益，形成多主体、跨领域、全链条一体化的协同创新格局。图 6-2 列出了"双向链接"双螺旋结构的协同创新格局。

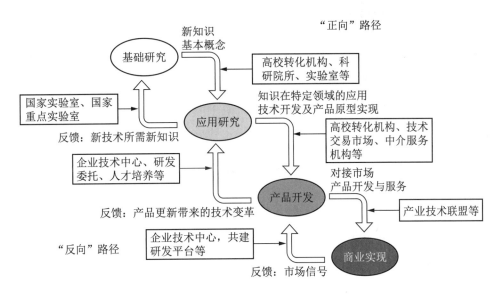

图 6-2 "双向链接"双螺旋结构的协同创新格局

从产业创新体系角度来看，链式协同涉及基础研究、应用研究、试验发展等创新链产业链融合，发挥"协同合力"不仅能够促进科研成果顺利转化为现实生产力，同时有利于实现产业链现代化。创新链存在"正向"和"反向"路径。"正向"路径是将基础研究中的新知识和基本概念，推广到应用研究领域。这种推广使得技术进一步得到开发，产品原型得以实现。在产品开发过程中，进一步对接市场，实现商业价值。这个过程中科技创新的"正向"路径，即是从基础研究到应用研究，再到产品开发和市场推广。然而，现实中也存在"反向"路径，即从市场需求出发，逆向推动应用研究和基础研究。基于以上双向链接路径，在沪国家战略科技力量主体之间的协同过程中将会涉及以下五个方面的重要实施措施。

一、培育战略科学家与战略企业家，建立科学家与企业家的"旋转门"路径

党的二十大报告明确提出："加快建设国家战略人才力量，努力培养造就更多大师、战略科学家、一流科技领军人才和创新团队、青年科技人才、卓越工程师、大国工匠、高技能人才。"高校作为科技创新的重要力量，应充分发挥自身作用，努力实现激发人才创新活力的任务目标，为发现和培养更多具有战略科学家潜质的高层次复合型人才、形成战略科学家成长梯队提供有力支撑，自觉履行高水平科技自立自强的使命担当。

战略科学家和战略企业家的培养及两者间的有效交流是国家战略科技力量协同攻关的重要路径。在打造创新社会氛围时，需要复合型的人才，政产学研良性互动至关重要，而真正能把政产学研链接起来的是企业家和科学家。科学家往往对技术理解很深，但对产品的理解很浅，而企业家更擅长解决高难度的产品方面的复杂问题，打通从企业家到科学家的转化路径，解决企业家和科学家的"最后一公里"问

题，鼓励科学家创业的同时，也更应该让有工程能力的企业家成为科学家，激发社会创新氛围，把握当下科技红利。

（一）深化政产学研用合作，搭建高端人才培养平台

积极探索创新协同发展有效机制，充分调动政府政策与资源，推动高校与企业、学会等开展深度合作、集智攻关，搭建开放、协作、创新、共赢的产业协同发展平台、高端学术交流平台、高端人才培养平台、高端科技智库平台和社会公共服务平台。充分发挥高校优势，与企业特别是与一大批国企或行业龙头企业建立紧密战略合作关系，共同开展科研攻关，联合培养复合型高端人才。面向国家重大战略需求，构建人才培养共同体，拓展校企育人途径，通过建立紧缺人才定制班、急需人才培养特区，引导校企共同制定培养方案、共同招生、联合选题、成果共享，为国家培养输送大批行业紧缺人才和国家急需高层次人才。

（二）为青年科技人才队伍提供更有力的支持

为青年科技人才队伍创造更好的条件，提供更有力的支持。一是要鼓励、支持有真才实学的青年人才挑大梁、当主角，积极承接国家重大科技攻关任务。二是要探索建立非共识、颠覆性项目培育机制，允许失败、宽容失败，遴选有科研热情、思想活跃、有能力、有志向的青年人才开展有较大风险的基础前沿研究工作，给予长期稳定的支持。三是要定期面向青年学者组织举办各类科研项目和人才基金申请答辩指导交流。

在科学研究与产业应用之间构建更为高效的"旋转门"机制，畅

通科学研究与产业应用的正向反馈路径，打造科学研究与产业应用的良性"双循环"新格局。在实现科技创新的过程中，战略科学家和战略企业家的培养及两者间的有效交流至关重要。通过教育体系的改革、政策层面的支持和平台建设等手段，可以促进战略科学家和战略企业家之间的交流和合作，推动科技创新的发展。同时，也需要不断探索新的方法和手段，为科技创新提供更多的支持和帮助。只有这样，才能让在沪国家战略科技力量在科技创新方面走在前列，为全球科技进步作出更大的贡献。图6-3列出了战略科学家与战略企业家的旋转门机制。

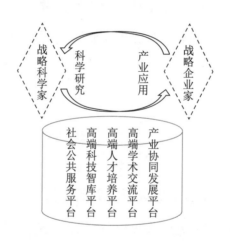

图6-3　科学家与企业家的"旋转门"机制

二、建设具有科技创业特区属性、强化技术转移服务的高质量科技创新创业载体

科技创业特区是专为科技创新和创业提供特殊政策和环境的区域。这些特区通过优化资源配置、提供全方位的支持和服务，来吸引

和培育优秀的科技创新创业人才和项目，从而推动科技创新和创业的发展。

加强基础设施建设。建设完善的科研设施和创新创业载体，如科技园区、孵化器等，为科技创新和创业提供良好的硬件环境。这需要特区加大对基础设施建设的投入，提高科研设施和创新创业载体的水平和质量，为科技创新和创业提供更好的支持和保障。

强化技术转移服务。首先，加强知识产权保护。建立健全知识产权保护制度，为科技成果提供法律保障，防止侵权行为的发生。这需要特区加强对知识产权的保护和管理，建立完善的法律法规体系，对侵权行为进行严厉打击，为科技成果的转化提供稳定的法律环境。其次，开展技术评估。建立完善的技术评估体系，对科技成果进行科学、客观的评估，为科技成果的转化提供参考依据。这需要特区建立专业的技术评估机构，制定评估标准和程序，对科技成果进行全面、客观的技术评估，为科技成果的转化提供科学依据。最后，促进市场对接。通过组织企业与科研机构之间的对接活动，为科技成果寻找合适的市场需求，推动科技成果的商业化应用。这需要特区加强企业与科研机构之间的合作与交流，建立完善的市场对接机制，为科技成果的转化提供更多的市场机会和资源支持。

提供资金支持。设立科技创新基金，为优秀的科技创新项目提供资金支持，缓解创业者的经济压力。这需要特区加大对科技创新项目的投入力度，制定更加优惠的政策和措施，为创业者提供更加稳定和可预测的资金支持。特区内提供的特殊政策、财税优惠和法规便利等资源，为科技创新和创业提供了有力的支持，帮助他们更好地应对市场挑战。财税优惠减轻了创业者的经济压力，激发了他们的创新热情，使他们能够更专注于研发和产品创新。法规便利简化了创业流程，提高了创业效率，为创业者提供了更加稳定和可预测的环境。这些措施共同促进了特区内创新创业的繁荣发展，为科技创新和经济发展注入了新的活力。

培养高素质人才。通过与高校和研究机构合作，培养和引进高素质的科技创新创业人才，提高人才储备水平。这需要特区加强与高校和研究机构的合作与交流，建立完善的人才培养和引进机制，为科技创新和创业提供更加稳定和可持续的人才支持。

加强国际创新合作。积极参与国际科技创新合作，引进国外先进的科技成果和管理经验，提高特区的国际化水平。这需要特区加强与国际组织和企业的合作与交流，建立更加广泛的国际合作网络，为科技创新和创业提供更加广阔的发展空间和机会。图 6-4 列出了建设高质量科技创新创业载体的实施路径。

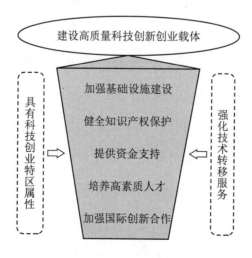

图 6-4　建设高质量科技创新创业载体的实施路径

三、实施在沪国家战略科技力量科技成果转化与高新技术企业培育工程

在沪国家战略科技力量在科技创新和成果转化方面具有重要地位，实施在沪国家战略科技力量科技成果转化与高新技术企业培育工程至关重要。应建立完善的科技成果转化机制，优化政策环境，培养高水平的科技人才和管理团队，为科技创新和经济社会发展注入新的活力。

在实施在沪国家战略科技力量科技成果转化与高新技术企业培育工程中，首先要关注科技成果转化机制的建立与优化。为确保科技成果得到充分保护，应建立健全知识产权保护制度。这包括制定相关法律法规，明确知识产权的归属和保护措施，为科技成果提供法律保障。同时，要加强知识产权保护的宣传和培训，提高科研机构和企业的知识产权保护意识，防止侵权行为的发生。为确保科技成果的准确评估和转化，需要建立完善的技术评估体系。这包括制定科学、客观的评估标准和方法，组建专业的技术评估团队，对科技成果进行全面、深入的评估。评估结果将为科技成果的转化提供参考依据，帮助找到合适的转化路径和市场方向。

为推动科技成果的商业化应用，需要促进市场对接。这包括组织企业与科研机构之间的对接活动，搭建科技成果转化平台，为科研机构和企业提供信息交流、技术转让和合作的机会。通过市场对接，可以为科技成果寻找合适的市场需求，推动科技成果的商业化应用，实现经济效益和社会效益的双赢。在优化科技成果转化流程方面，应建立科技成果转化平台。这个平台将作为科研机构和企业之间的桥梁，

为双方提供信息交流、技术转让和合作的机会。通过平台的建设，可以促进科研机构和企业之间的合作与交流，推动科技成果的转化和应用。加强产学研合作，鼓励企业、高校和科研机构加强合作，共同推动科技成果的转化和应用。通过产学研合作，可以整合各方资源，形成合力，提高科技成果转化的效率和成功率。制定优惠政策，如税收减免、资金扶持等，为科技成果转化提供政策支持。这些政策将降低企业的研发成本，提高企业的创新能力和市场竞争力，进一步推动科技成果的转化和应用。

为培育具有潜力的高新技术企业，需要采取一系列策略。首先，设立专项资金，为高新技术企业的研发和创新活动提供资金支持，确保企业在技术创新方面有足够的投入。其次，给予高新技术企业税收优惠等政策支持，降低企业成本，提高企业竞争力，鼓励企业加大研发投入。再次，组织专家团队为高新技术企业提供技术指导和咨询服务，帮助企业解决技术难题，提升技术创新能力。最后，优化市场准入机制，为高新技术企业提供公平竞争的市场环境，促进企业之间的良性竞争和共同发展。这些策略将有助于激发高新技术企业的创新活力，推动上海科技创新和经济社会的持续发展。

为促进科技成果的转化和高新技术企业的培育，需要制定一系列有利于科技成果转化的政策。首先，优化科技创新政策体系，提高科技成果转化的政策支持力度。这包括制定科技创新规划和计划，明确科技成果转化的目标和重点领域，加大对科技创新和成果转化的投入和扶持力度。其次，推进制度创新，建立健全与科技创新和成果转化相适应的制度体系。这包括改革科研管理体制，加强科研机构和企业之间的合作和交流，推动科技成果的转化和应用。同时，完善知识产权保护制度，加强知识产权的保护和管理，为科技成果转化提供保障。最后，加强政策宣传和培训工作，提高企业和科研机构对政策的认知度和执行力。通过加强对政策宣传和培训工作，让企业和科研机构了解政策内容和申请流程，提高对政策的认知度和执行力，推动科技成果的转化和高新技术企业的培育。这些政策的制定和实施将为上海的科技创新和经济发展提供强有力的支持和保障。

为推动科技成果转化和高新技术企业的培育，需要注重人才培养和团队建设。首先，加强科技人才培养，通过高校、科研机构和企业等多渠道培养高水平的科技人才。这包括加强学科建设和教育改革，提高人才培养质量，为科技创新提供充足的人才储备。其次，制定优惠政策，吸引国内外优秀科技人才来沪工作和创新。同时，为科技人才提供良好的工作环境和生活条件，留住优秀人才。这将有助于吸引更多的优秀人才来沪，为科技创新和成果转化提供强有力的人才支持。最后，鼓励企业和科研机构组建高水平的技术研发团队和管理团队，提高整体科技创新能力。这将有助于形成一支高素质、高水平的科技创新团队，推动科技成果的转化和应用。人才培养和团队建设，将为上海的科技创新和经济社会发展注入新的活力和动力。

四、设立在沪国家战略科技力量协同攻关的考核指标体系

在沪国家战略科技力量在科技创新和成果转化方面具有重要地位。为了进一步推动科技创新和成果转化，需要设立一套科学、合理的考核指标体系，以全面评估科技力量协同攻关的成效。

（一）考核指标体系的构建原则

在构建考核指标体系时，需要充分考虑公平性、科学性和激励性等原则，以确保指标体系能够有效地评估科技力量协同攻关的成效。

首先，公平性是构建考核指标体系的基本原则。在确定考核指标时，需要充分考虑所有参与科技力量协同攻关的机构和人员，避免对某些机构或人员产生歧视或偏见。这意味着需要制定客观、公正的标准，确保每个参与者在考核过程中都受到公正的对待。

其次，科学性是构建考核指标体系的关键原则。需要确保考核指标能够客观地反映科技力量协同攻关的实际情况和成效。这意味着需要根据科技力量协同攻关的特点和目标，选取科学、合理的考核指标，避免主观臆断和片面性。

最后，激励性是构建考核指标体系的重要原则。需要确保考核指标能够激发参与者的积极性和创造性，推动科技成果转化和高新技术企业培育。这意味着需要选取具有激励作用的考核指标，让参与者看到自己的努力和成就，从而激发他们的积极性和创造性。

（二）量化指标和定性指标的平衡

为全面评估科技力量协同攻关的效果，不能仅仅依赖单一的量化指标或定性指标，而是需要将这两类指标有效结合。

量化指标能够直观反映科技力量协同攻关的投入和产出情况，如项目数量、资金投入、论文发表等。这些指标可以提供关于协同攻关规模和水平的客观数据。例如，项目数量可以反映参与者的数量和活跃度，资金投入可以反映对科技创新的重视程度，论文发表则可以体现科研成果的质量和影响力。

　　然而，量化指标往往只能反映协同攻关的表面现象，而无法深入了解其创新程度、团队协作和技术影响力等深层次情况。这时，定性指标就显得尤为重要。定性指标能够从更深层次上反映科技力量协同攻关的质量和潜力，例如，创新程度可以通过评估新技术、新方法的研发和应用情况来衡量，团队协作可以通过评估团队成员之间的合作和默契程度来评估，技术影响力可以通过评估技术对行业和社会的影响来衡量。

　　为全面评估科技力量协同攻关的效果，需要将量化指标和定性指标有效结合。在设立考核指标体系时，应根据实际情况确定合理的权重，以确保量化指标和定性指标的平衡。这样，才能更全面、更深入地了解科技力量协同攻关的实际情况和成效，为进一步的科技创新和发展提供有力支持。

（三）具体指标内容

　　研发投入、成果转化率、创新产出、国际合作、团队协作和技术影响力是评估科技力量协同攻关效果的重要指标。研发投入是科研机构和企业对科技创新的投入，包括研发经费和研发人员数量等。这些指标能够反映企业对科技创新的重视程度和投入力度。成果转化率是科技成果转化为实际应用的比例，是评估科技成果转化效果的重要指标。高成果转化率意味着更多的科技成果能够转化为实际应用，为经济社会发展作出贡献。创新产出包括专利申请数量、授权数量和新产品数量等，这些指标能够反映科研机构和企业的创新能力和成果。国际合作是科研机构和企业与国际同行合作开展科技创新的情况，包括合作项目数量和合作金额等。这些指标能够反映科研机构和企业的国际影响力和合作能力。团队协作是科研机构和企业之间合作默契程度和团队凝聚力的情况。良好的团队协作能够提高工作效率和创新能力，促进科技成果的转化和应用。技术影响力的高低取决于科技创新对行业和社会的贡献和影响情况。高技术影响力意味着科技创新对行业和社会产生了积极的影响，推动了经济社会的进步和发展。

（四）动态调整和持续优化

为确保考核指标体系能够适应科技创新的快速发展，需要对其进行动态调整。随着科技发展和市场变化，一些原有的考核指标可能不再适应当前的情况，需要及时进行调整或删除。同时，根据需要新增新的考核指标，以反映科技创新的新趋势和发展方向。

动态调整是确保考核指标体系适应性的关键。需要定期评估考核指标体系的运行情况，收集参与者的反馈意见，对考核指标进行评估和调整。这包括对量化指标和定性指标的平衡、各指标的权重分配及指标体系的整体运行效果进行全面分析和优化。

除了动态调整，还需要注重持续优化。持续优化是为了确保考核指标体系的科学性和有效性。这包括定期收集参与者的反馈意见，对考核指标进行评估和调整，以确保考核指标体系能够全面反映科技力量协同攻关的实际情况和成效。

在持续优化过程中，需要关注以下几个方面：一是要确保考核指标体系的公正性和公平性，避免出现歧视或偏见的情况；二是要提高考核指标体系的敏感性和准确性，及时反映科技创新的变化和趋势；三是要简化考核指标体系，减少烦琐的评估程序，提高整体运行效率。

总之，动态调整和持续优化是确保考核指标体系适应科技创新快速发展的重要保障。需要定期对考核指标体系进行评估和调整，以适应科技发展和市场变化。同时，还需要注重收集参与者的反馈意见，持续优化考核指标体系，确保其科学性和有效性。这样，才能更好地推动科技成果转化和高新技术企业培育，为科技创新和经济社会发展作出更大的贡献。

五、探索创新联合体的横向协同和纵向联通机制

创新联合体是多个主体联合攻关的一种组织模式，是以企业为主体、市场为导向、产学研用深度融合的技术创新组织，以解决产业发展关键核心技术，研发具有先发优势的关键技术、引领未来发展的基础前沿技术为目标，以共同利益为纽带，以市场机制为保障，以揭榜挂帅等为手段，由创新资源整合能力强的领军企业或领衔机构牵头，联合相关领域核心科研机构、高校以及产业链上下游企业等共同参与组建的体系化、任务型、开放式紧凑的创新合作组织。图 6-5 展示了横向协同和纵向联通的创新联合体协同机制。

探索创新联合体的横向协同机制，领军企业不仅是科技攻关重大项目的提出者，也是科技攻关项目的组织者。在构筑起行业内共同体的同时，还要目光向外，组织起行业外的专家共同体，特别是要能精准调动整合国内外高等院校、科研机构等组织的科技力量与资源。同时，进一步加大与政府部门的沟通、协同力度，更好地发挥政府部门在信息整合、组织实施、资源调配、政策倾斜等方面的作用。创新联合体的实质，也就是一个以领军企业为主体、多元协同创新的政产学

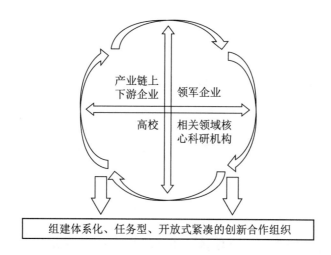

图 6-5　创新联合体协同机制

研共同体。在探索创新联合体的社会支持体系方面，要构建更加有效的知识产权保护体系，确保创新者的合法权益能够得到有效维护。要构建更加灵活的金融支持创新机制，解决联合体创新的后顾之忧。要构建更加合理的激励机制，不仅上下游、大中小企业之间要有清晰健全的权利边界，作为联合体主要智力支持方的高校和科研院所等机构与人员也要有规范恰当的受益权，让创新联合体也是事实上的利益共同体。

面向国家战略发展需求，围绕重点产业，在产业科技攻关、成果转化和新技术推广等方面，积极推进全面形成横向协同、纵向联通的创新体系网络，有效指导技术创新和产业集聚发展，引导企业建立先进的研发体系和上下游供应链管理体系，为国家战略科技力量科技自立自强和高质量发展提供重要支撑。针对性开展关键核心技术攻关和先进技术推广，形成企业主导，多方联动。加强供需联动，充分调动龙头企业积极性，发挥各类创新平台作用，深化产业链上下游、产学研协同，促进技术体系建设和推广应用。例如，在沪国家战略科技力量应充分发挥长三角区位优势，加强与长三角区域创新的协同发展，瞄准世界科技前沿、关键核心技术和产业制高点，率先成为全国高质量发展动力源，提升长三角科技创新共同体的全球竞争力。构建在沪国家战略科技力量与上海科技创新中心建设的协同机制，通过推动建设国际科技创新中心促进强化国家战略科技力量，要进一步强化上海科创中心的功能定位，要跨区域、跨部门整合科技创新力量和优势资源，实现强强联合，打造科技创新策源地。要以更加开放的思维和举措参与国际科技合作，营造更具全球竞争力的创新生态。

第七章
建立在沪国家战略科技力量主导协同创新机制的保障措施

本章阐述了如何建立在沪国家战略科技力量主导协同创新机制的保障措施，包括政策制定、人才建设、科技体制改革、创新载体建设、财政投入优化及专项基金设立等多个层面，旨在全方位提升科技创新能力，服务国家发展战略。党领导下国家战略科技力量的体系和运行机制涵盖政府、科研机构、高校和企业等多元主体，通过制定和实施科技创新政策，确保科技创新的有效性和方向正确。通过加强顶层设计，成立市级专门领导机构，协调推进科技创新战略的实施。当前阶段的特征是构建面向创新驱动的新型科技体制，提升在沪国家战略科技力量的协同创新能力。

第一节 加强党对国家战略科技力量协同创新的全面领导

加强党对国家战略科技力量协同创新的全面领导是确保在沪国家

科技创新发展方向正确、效率高、成果显著的重要保障。党领导下的国家战略科技力量体系和运行机制，能够整合各方面资源，推动以国家战略导向为使命领域的科技创新，为国家的长期繁荣和发展奠定坚实基础。在未来的发展中，我们需要进一步完善这一体系，不断提高科技创新的质量和效率，为国家的现代化建设作出更大的贡献。

一、党的领导在科技创新中的作用和意义

党的领导是中国特色社会主义最本质的特征，也是中国取得各方面事业发展成功的根本保障。在国家战略科技力量方面，党的领导起着关键作用。首先，党的领导能够确保科技创新与国家战略的高度契合。党是最高政治领导力量，具有制定国家发展战略的领导力和智慧。党领导下的国家战略科技力量能够与国家发展战略相衔接，确保科技创新的方向和目标符合国家长远发展需要。其次，党的领导能够整合资源、调动全社会力量参与科技创新。党在全国范围内组织并领导了众多的科研机构、高校、企业等，具有丰富的资源和广泛的影响力。通过党的领导，可以更好地整合这些资源，推动科技创新得到全社会的参与和支持，形成合力。最后，党的领导可以保证科技创新的持续稳定。在党的集中统一坚强领导下，国家战略科技力量能够形成稳定的长期发展机制，避免政策和方向频繁变动，保证科技创新的持续推进和稳定发展。

二、党领导下国家战略科技力量协同的体系和运行机制

党领导下国家战略科技力量的体系和运行机制是一个复杂而多层

次的体系，包括政府、科研机构、高校、企业等多方面的组织机构和合作模式。政府在这一体系中起着指导、规划和协调的作用。政府制定国家战略科技发展规划、政策并提供资金支持，统筹协调各方资源，推动科技创新。科研机构是国家战略科技力量的重要组成部分。这些机构负责科技研发、创新和技术推广。在国家战略科技力量的运行机制中，政府会对这些机构进行指导和监督，确保其创新方向和成果符合国家战略需求。高校在培养科技创新人才、推动科技成果转化方面发挥着重要作用。政府通过政策支持，鼓励高校开展基础研究和应用研究，促进科技人才的培养和科技创新的产生。企业作为创新主体，也是国家战略科技力量的重要组成部分。政府通过制定支持政策，鼓励企业加大研发投入，提高科技创新能力，推动科技成果的转化和应用。

三、党领导下的国家战略科技力量人才队伍建设

在党的领导下，科技创新人才队伍的建设至关重要。科技创新人才是国家战略科技力量的重要组成部分，他们的智慧和创意推动着科技的前进。在党的领导下，国家战略科技力量的建设和发展能够得到充分的政治资源和组织保障。党的领导为科技创新提供了坚强领导核心和组织保障，为国家战略科技力量的协同创新奠定了坚实基础。在未来的发展中，我们需要不断完善党的领导下国家战略科技力量的机制和体系，提高科技创新的质量和效率，为国家的现代化建设作出更大的贡献。

首先，科技创新人才的培养需要多方面的支持。政府应制定政

策，加大对科技创新人才的培养和引进力度，建立多层次、多领域的人才培养体系。这包括提供奖学金、设立研究生奖学金、鼓励企业提供奖励等多种形式。其次，高校和科研机构要加强科技创新人才的培养。加强研究生、博士后等研究型人才的培养，鼓励创新思维和实践。同时，也要积极拓展国际交流与合作，吸引海外人才，建立国际化的人才团队。最后，为科技创新人才提供更好的创新环境。政府应加大科研项目的资助力度，提高科研经费使用效率，鼓励创新性的项目。此外，也应提供创新创业平台，搭建交流分享的机制，促进科技人才间的合作与交流。

四、党领导下的国家战略科技力量协同政策的制定和实施

在党的领导下，科技创新政策的制定和实施需要科学规划、精准施策。政府应深入学习贯彻习近平总书记关于科技创新的重要论述，制定具体、可操作的政策，促进科技创新向纵深发展。

首先，科技创新政策应与国家发展战略紧密结合，突出主攻方向。政府应根据国家发展需求和科技状况，确定战略性新兴产业和关键技术领域，将科技创新政策重点投放于这些领域，形成政策的聚焦与高效。其次，政府应注重科技创新政策的可持续性和稳定性。不应频繁调整政策，避免对科技创新造成干扰和不确定性。长期稳定的政策将为科技创新提供更好的制度保障和政策环境。最后，科技创新政策的实施需要多方合作和监督。政府、科研机构、企业、高校等应形成合力，共同推动政策的实施。同时，还需要建立健全的监督机制，

确保政策落地实施并产生预期效果。

五、党领导下的科技创新成果转化和推广

科技创新的最终目的是服务社会、推动经济发展。在党的领导下，加强科技成果的转化和推广，将创新成果转化为现实生产力。首先，政府应制定支持科技成果转化的政策，提供税收、财政、金融等多方面的优惠政策，为科技成果的产业化、商业化提供良好环境。其次，政府和企业要建立科技成果的评估体系，对科技成果进行全面、客观地评估，确定其适用领域和市场需求。然后，通过技术转让、产业化合作等方式将科技成果推广应用。最后，鼓励科研人员参与科技成果的转化和推广。政府可以通过奖励制度、知识产权分享等方式，激发科研人员参与创新成果的推广，使创新成果更好地造福社会。

第二节　加强顶层设计，成立市级专门领导机构

加强顶层设计，成立市级专门领导机构是保障国家战略科技力量主导协同创新机制有效实施的关键举措。通过科学规划、明确战略、建立机构和运作机制，能够推动科技创新事业蓬勃发展，为国家的繁荣和进步奠定坚实基础。在未来的实践中，我们需要不断完善和创新这些机制，以适应科技创新发展的新需求和新形势。加强顶层设计是确保国家战略科技力量主导协同创新机制能够有效推进的重要举措。

顶层设计意味着对整个科技创新体系进行全局性、系统性的规划和设计，明确科技创新的发展方向、目标、任务和政策，为科技创新提供战略指导和组织保障。

一、建立国家战略科技力量协同的整体框架

在顶层设计中，应建立国家战略科技力量协同的整体框架，包括整体战略、组织结构、政策法规、人才培养等多方面内容。通过这种框架，可以将各个方面的要素有机结合，形成推动科技创新的有力支撑体系。第一，制定整体发展战略。在建立科技创新的整体框架中，首要任务是制定整体发展战略。这项战略应该从长远、全局的视角审视国家的科技发展方向，确定发展目标、优先领域和战略举措。战略的制定需要基于国家的特定情况，结合国内外科技发展的新动态，明确国家在科技创新领域的定位和使命。第二，确定关键领域和优先方向。建立科技创新整体框架需要明确定义关键领域和优先方向。这些领域和方向应该具有战略性和前瞻性，与国家整体发展紧密相连。关键领域可能涉及生物技术、人工智能、新能源、环境保护等。确定这些领域后，就可以为其制定相应的政策和资源保障，鼓励创新和合作。第三，配置资源和资金。科技创新整体框架需要明确资源和资金的配置机制。这包括政府投入、企业投入、国际合作等多方面的资源。政府应该通过制定相应政策，确保资金的合理分配，重点支持关键领域和有潜力的项目，鼓励企业增加研发投入，推动创新驱动发展。第四，建立创新人才培养体系。创新的核心是人才，因此在科技创新整体框架中，要建立创新人才培养体系。这包括制定人才培养规

划、改革人才评价机制、提高创新人才的待遇等。政府、高校、企业等应共同努力，推动科技人才的培养和引进，为科技创新提供人才保障。第五，推动制度和政策创新。在科技创新整体框架中，制度和政策的创新是关键。政府需要不断完善法律法规、激励政策，鼓励创新机制的建立，促进科技成果的转化和应用。同时，也要积极推动制度创新，为科技创新提供良好制度环境，降低创新的交易成本。第六，加强国际合作与交流。科技创新整体框架还需要加强国际合作与交流。面对全球化的科技竞争，国际合作能够充分利用全球科技资源，共同攻克科技难题。政府应该制定政策，鼓励企业、高校和研究机构参与国际合作项目，积极开展科技交流活动，提升国际影响力。

二、国家战略科技力量协同目标的明确

在顶层设计中，需要明确科技创新战略，包括主攻方向、关键领域、重点项目等。科技创新战略应当与国家整体发展战略相衔接，突出国家在全球科技竞争中的优势和定位，确保科技创新对国家发展的积极影响。第一，主攻方向的确定。科技创新战略的明确包括主攻方向的确定。主攻方向是科技创新的核心，它是指在特定时期内，国家科技创新所重点攻克的领域和关键技术。确定主攻方向需要综合考虑国家现有科技实力、国内外市场需求、国家战略性新兴产业发展方向等因素。例如，可以确定人工智能、生物科技、新能源、绿色技术等领域为主攻方向，以实现国家在这些领域的技术领先和产业优势。第二，关键领域和重点项目的规划。科技创新战略的明确还包括关键领域和重点项目的规划。关键领域是在主攻方向下，具有重要影响和战

略价值的领域，需要集中资源、人才进行攻关。重点项目是在关键领域下，确定的具体项目和研究方向。这些项目和方向应该能够有效推动科技创新，具有较高的技术难度和市场需求。第三，确定战略性新兴产业。科技创新战略的明确还应包括战略性新兴产业的确定。战略性新兴产业是指国家在科技创新过程中，具有战略意义和市场前景的新兴产业。确定战略性新兴产业是为了引导科技创新投入，推动新技术、新产品、新模式的出现，提升国家经济的竞争力。第四，发展路径和步骤的制定。科技创新战略的明确还需要制定发展路径和步骤。这包括短期、中期和长期的发展目标，以及实现这些目标的具体步骤和措施。发展路径和步骤应该具有逻辑性和可操作性，能够引导科技创新朝着正确的方向前进。第五，制定政策和法规。明确科技创新战略还需要制定相应的政策和法规。这些政策和法规应该能够支持主攻方向、关键领域、战略性新兴产业的发展。政府可以通过激励创新、提供资金支持、优化法律法规环境等方式，推动科技创新战略的实施。

三、成立市级专门领导机构

为了加强顶层设计的实施和推动，应成立市级专门领导机构，负责科技创新政策的制定、协调、推动和落实。这个领导机构应该由具备丰富科技创新经验和战略眼光的专家学者、政府官员等组成，确保具备足够的决策能力和专业性。成立市级专门领导机构是为了强化对国家战略科技力量主导协同创新机制的领导和协调。这样的机构将有助于集中资源、制定科技创新政策、推动科技成果的转化和应用，进一步提升科技创新的质量和效率。

领导机构的主要职责包括但不限于以下五个方面：第一，制定科技创新政策。针对主攻方向、关键领域和战略性新兴产业，制定相应的政策和措施，推动科技创新向着国家战略目标前进。第二，协调推进科技项目。协调各方面资源，推动科技创新项目的实施，确保重点项目能够按时、高效地完成。第三，推动科技成果转化。制定政策，推动科技成果的转化和推广，搭建产学研合作平台，加速科技成果向市场转化。第四，引导人才培养和引进。着力推进创新人才培养和引进，制定人才政策，吸引高层次人才参与科技创新，保障人才队伍的稳定和充实。第五，推动国际合作与交流。促进国际科技交流与合作，加强国际科技创新项目的推进，推动国际领先科技成果的引进和应用。

领导机构应当配备具有科技创新背景和丰富管理经验的专业干部。其中，领导者应具备战略思维、全局观和创新能力，能够有效协调各方资源，推动科技创新。此外，还应设立科技政策制定、项目协调、成果转化等职能部门，以确保领导机构各项职责得到全面有效的执行。领导机构应加强与其他政府部门、企业、高校、研究机构等的协调与合作。与各方建立联动机制，共同推进国家战略科技力量的协同创新。同时，要充分利用各方的资源优势，实现合作共赢，推动科技创新事业的蓬勃发展。领导机构的运作应该具备高效、协同、透明的特点。建立定期的工作会议制度，及时汇报和评估科技创新的进展情况。同时，应建立与相关部门和机构的沟通和协调机制，确保科技创新工作的协同推进。

第三节　推进强化国家战略科技力量协同创新的体制机制改革

如果把科技创新比作我国发展的新引擎，那么改革就是点燃这个新引擎必不可少的点火系统。党的二十大报告强调深化科技体制改革，深化科技评价改革，加大多元化科技投入，加强知识产权法治保障，形成支持全面创新的基础制度，并提出要提升科技投入效能，深化财政科技经费分配使用机制改革，激发创新活力。这为进一步深化科技体制改革，最大限度解放和激发科技作为第一生产力所蕴藏的巨大潜能指明了方向。推进科技体制机制的改革，形成有助于强化国家战略科技力量和形成主导协同创新机制的制度保障，是科技创新发展的迫切需要。通过改革，建立健全科技管理体制，完善科技人才培养和激励机制，优化科研项目管理机制，加强知识产权保护，推进开放式创新机制建设，以及完善信息化支撑体系，将为国家战略科技力量的协同创新提供坚实制度基础。这样的制度保障将为科技创新的蓬勃发展奠定基础，推动国家在科技领域的全面崛起。在未来的实践中，我们需要持续不断地完善科技体制机制，适应科技创新发展的新要求，为国家的科技创新事业贡献更多力量。推进科技体制机制改革是为了适应科技创新发展的新要求、新挑战，进一步强化国家战略科技力量和形成主导协同创新机制的制度保障。科技体制机制的改革是一个系统工程，包括科技管理体制、科技人才培养和激励机制、科研项目管理机制等多个方面，需要全面深化改革，为科技创新提供良好的制度保障。

一、我国科技体制改革的阶段与经验

我国科技体制改革经历了四个阶段：

第一阶段（1985—1994 年）：主要特征是打破原有计划体制，推动科技服务经济建设。1985 年，中共中央发布《关于科学技术体制改革的决定》，全面启动了科技体制改革，确定了"经济建设必须依靠科学技术，科学技术工作必须面向经济建设"的战略方针，以改革拨款制度、开拓技术市场为突破口，探索科学基金制、科研课题制、同行评议制、技术合同制，创建科技园区，鼓励技术入股及科技人员创办或领办企业等系列重大改革举措，引导科技工作面向经济建设主战场。这一阶段科技体制改革的主要特征是配合经济体制改革的需要，逐步破除传统计划体制下的科技管理体制，推动科技与经济的紧密结合，探索形成发挥市场机制作用的新型科技体制。

第二阶段（1995—2005 年）：主要特征是深入推动市场化改革。20 世纪 90 年代中期以后，我国确立了社会主义市场经济体制的改革目标，并且初步建成社会主义市场经济。与之相适应，国家根据发展形势需要，建立和完善以市场为导向、市场机制为基础的科技体制成为我国科技体制改革的主要目标，为此作出了一系列有针对性的改革安排。1995 年，中共中央、国务院作出《关于加速科学技术进步的决定》，确立"科教兴国"战略，提出"稳住一头，放开一片"的改革方针，推动科研院所分类改革。1998 年，中国科学院实施知识创新工程试点。1999 年，中共中央、国务院召开全国技术创新大会，部署贯彻《关于加强技术创新、发展高科技、实现产业化的决定》，提出构建企业技术创新主体、推动应用型科研机构企业化转制、建设国家知识创新体系，以及加速科技成果转化、大力发展科技中介服务机构、促进科技金融及风险投资发展等改革发展举措。截至 2003 年底，共有 1149 个研究机构转制和实行分类管理。这一阶段科技体制改革的主要特征是按照市场化改革的要求推进科研院所改革，逐步确立企业技术创新主体地位，加速科技成果产业化，并考虑对基础、公益类科研院所的稳定支持，国家科技计划体系逐步形成。

第三阶段（2006—2015 年）：主要特征是以推进和完善国家创新体系为目标深化科技体制改革。2006 年，中共中央、国务院召开全国科学技术大会，发布《国家中长期科学和技术发展规划纲要（2006—2020 年）》，提出建设创新型国家的战略目标，明确深化科技体制改革的目标是推进和完善国家创新体系建设，从支持鼓励企业成为技术创新主体、建立现代科研院所制度、推进科技管理体制改革以及全面推进中国特色国家创新体系建设等方面全面推进科技体制改革。中国特色国家创新体系建设重点包括五个方面：建设以企业为主体、产学研结合的技术创新体系，并将其作为全面推进国家创新体系建设的突破口；建设科学研究与高等教育有机结合的知识创新体系；建设军民结合、寓军于民的国防科技创新体系；建设各具特色和优势的区域创新体系；建设社会化、网络化的科技中介服务体系。2012 年，中共中央、国务院召开全国科技创新大会，作出《关于深化科技体制改革加快国家创新体系建设的决定》，提出以提高自主创新能力为核心，以促进科技与经济社会发展紧密结合为重点，进一步深化科技体制改革；提出到 2020 年，基本建成适应社会主义市场经济体制、符合科技发展规律的中国特色国家创新体系，并系统谋划了科技体制改革新举措。2013 年，党的十八届三中全会通过了《中共中央关于全面深化改革若干重大问题的决定》，提出全面深化改革的总目标是完善和发展中国特色社会主义制度，推进国家治理体系和治理能力现代化，并对深化科技体制改革作出部署。这一阶段科技体制改革的主要特征是，明确把建设和完善国家创新体系作为科技体制改革的目标，强调改革要适应社会主义市场经济体制要求和科技发展规律，不仅重视对科技体制改革的"破"，而且重视建设完善国家创新体系的"立"，对高校、科研机构以及企业等创新主体进行定位，明确建设现代科研院所制度的改革方向。

第四阶段（2015 年至今）：主要特征是构建面向创新驱动的新型科技体制和推进科技创新治理能力现代化。2015 年，中共中央办公厅、国务院办公厅发布实施《深化科技体制改革实施方案》，提出以构建中国特色国家创新体系为目标，全面深化科技体制改革，推进科技治理体系和治理能力现代化，为实现发展驱动力的根本转换奠定体制基础。同时提出，到 2020 年，基本建立适应创新驱动发展战略要求、符合社会主义市场经济规律和科技创新发展规律的中国特色国家创新体系。围绕建立技术创新市场导向机制，改革国家科技计划管理，推进军民融合创新体系建设，建设国家实验室体系，改革创新人才培养及评价和激励机制，加快科技成果使用、处置和收益管理改革，打造区域性创新平台，推动大众创业、万众创新等，提出了 143 项重大改革任务。《深化科技体制改革实施方案》的发布实施标志着我国全面推动构建中国特色国家创新体系的开端，在科技体制基本架构已基本成形的基础上，进一步完善国家创新体系建设。

二、在沪国家战略科技力量协同创新能力的提升

第一，加快建设在沪国家实验室，加大对国家实验室的培育支持力度。构建以国家重点实验室为核心，面向关键核心技术与未来产业的国家级创新平台支撑国家战略科技力量的发展。加快推进张江综合性国家科学中心建设，建设世界级重大科技基础设施集群。紧跟世界科技发展大势，立足国家重大战略需求，组织优势力量，持续开展重大原创性布局攻关，发挥重大科技基础设施对原创科技成果产出的关键支撑作用，打造以国家实验室为引领的国家战略科技力量。

第二，提升国家科研机构原始创新能力。发挥中国科学院、中船集团、中电集团、航天八院等在沪国家科研机构，以及李政道研究所、上海交通大学张江高等研究院等新型科研机构组织在基础研究和行业技术开发方面的科技优势，加速打造一批高水平研究机构。以国家战略需求为导向，聚焦重点领域，着力解决影响制约国家发展全局和长远利益的重大科技问题，加快建设原始创新策源地，加快突破关键核心技术。

第三，强化高水平研究型大学基础研究。强化在沪高水平研究型大学的基础研究，发挥在沪高水平研究型大学基础研究深厚与学科交叉融合优势，夯实原始创新能力，注重科技人才培养，自觉履行高水平科技自立自强的使命担当。面向国家利益、国家重大需求，结合在沪高水平研究型大学学科优势和特色专业，制定在沪高水平研究型大学科技工作的主攻方向，推动产学研用深度融合。与国家实验室建立紧密合作，探索深度参与国家实验室建设的模式与机制。在国家重点实验室重组方面以学科为核心依托院系，以任务

为核心组建实体科研单位，建设适应新时代、新起点、新环境要求的国家战略科技力量。

第四，培育科技领军企业。加大力度培育上海科技领军企业，突出企业的科技创新主体引领地位。科技领军企业要发挥市场需求、集成创新、组织平台的优势，坚持国家使命为先导、以国家重大需求为导向，发挥关键核心技术领域的科技创新引领性优势以及在产业发展中的引领作用。充分发挥在沪央企、上海国资国企在培育科技领军企业中的优势作用和核心使命担当，切实承担起聚焦关键核心技术突破、实现高水平科技自立自强的使命和战略任务。

三、推进科技创新载体建设与产学研用融合

推动建设高水平科技创新载体，促进科技成果转移转化。加快形成适应新时代科技创新发展需要的实践载体、制度安排和良好环境。加大对科技创新载体的支持力度，促进社会资源参与科技创新载体发展，提升科技创新载体的资源整合能力和资源整合效率，强化上海科技创新载体与重点产业有效对接。

有效促进和支持创新主体与高水平研究型大学、科研院所、科技服务机构产学研用合作，加快科技成果转移转化，提升创新转化为生产力的能力水平和速度。聚焦国家和区域重大需求和产业创新发展，构建政府引导、多方资源汇聚的协同体，以推动国家和上海经济社会发展中的重大实践问题、行业产业发展的共性关键技术问题取得重大进展为目标。

第四节　建立国家战略科技力量主导的协同创新专项支持基金

近些年，持续优化财政政策供给，加强战略任务资金保障，强化财税制度支撑，已成为支持科技创新引领的重要举措。着力深化财政科技经费分配使用机制改革，采取更加有力有效的举措推动科技创新引领高质量发展，持续加大对基础研究、应用基础研究和前沿研究的财政科技投入力度，完善竞争性支持和稳定支持相结合的基础研究财政科技投入机制，牵头设立以国家战略科技力量主导的协同创新专项基金，积极推动解决行业"卡脖子"重要技术攻关。

一、加强财政科技投入

首先，加强财政科技投入，逐步提高科技投入占 GDP 比例。财政科技投入重点支持基础研究、重大共性关键技术研究、社会公益性技术研究、科技成果转化等科技创新活动。提高对国家实验室、重点高校和科技领军企业等的支持力度。其次，拓宽科技资金投入渠道，针对社会资本制定负面清单，鼓励社会资本参与负面清单外的国家战略科技力量建设，鼓励社会资本投向基础研究，探索共建新型研发机构、联合资助、捐赠等多元化投入方式。鼓励企业出资与政府联合设立科学计划，引导和鼓励企业加大对基础研究和应用基础研究的投入力度。

二、优化财政科技投入方式

优化财政科技投入方式，加强财政科技投入统筹联动，优化整合国家战略科技力量专项资金，并建立将财政投入与科创贡献考核挂钩的机制。加快科技金融改革、优化融资环境、拓展国家战略科技力量的融资渠道。强化政府财政资金的引导，以政府牵头成立强化国家战略科技力量基金。探索建立科技投贷风险补偿机制，充分调动银行、融资性担保公司、创投机构等支持国家战略科技力量发展的积极性。通过政府投入和市场融资的协同，为强化国家战略科技力量提供充足资金保障。

为了实现资金的最大效益，需要优化财政科技投入方式。第一，多元化投入途径。鼓励多方面投入，包括政府资金、企业投资、社会资本等多元化渠道，形成多层次、多方面的资金支持体系。第二，弹性投资机制。设立弹性投资机制，根据不同领域和项目的特点，采取不同的投资方式和时间长度，确保资金的灵活使用和高效运转。第三，绩效导向投入。引入绩效导向机制，对投入的科技项目进行动态评估，及时调整资金分配，确保资源向高效、高产出项目倾斜。第四，项目联动资金分配。将科技项目联动起来，形成项目群，共同分享资金支持，实现资源的最优配置和项目间的协同创新。

三、建立国家战略科技力量主导协同创新的专项基金

建立国家战略科技力量主导协同创新的专项支持基金。为了进一步保障国家战略科技力量和协同创新的顺利实施，可以建立国家战略

科技力量主导协同创新专项支持基金。这个基金可以设立为国家战略科技力量主导协同创新的专项基金，专门用于资助主导协同创新的重点项目和领域。第一，基金可以来源于政府拨款、企业捐赠、社会投资等多种渠道，形成多元化的基金来源。第二，可以建立专门的基金管理机构，负责基金的筹措、分配、投资和项目跟踪等工作，确保基金的有效使用。第三，基金可以采取项目资助、奖励、股权投资等多种方式，灵活支持主导协同创新的重点项目和领域。第四，基金可以结合项目的特点，进行风险投资或长期支持，为项目提供必要的资金保障，推动科技创新的实质性突破。

强化监督和评估机制。为确保资金的有效使用和项目的高质量完成，需要建立健全的监督和评估机制。第一，实施绩效评估。对资助的项目进行定期绩效评估，评估项目的科技创新成果、社会经济效益等，作为资金继续支持的重要依据。第二，加强透明度和问责机制。公开基金的使用情况，建立问责机制，对基金使用中的不当行为进行追责。第三，持续优化机制。不断优化基金的运作机制，根据评估结果、科技发展趋势和国家战略调整，及时调整基金的运作方向和策略。加大资金投入保障，优化财政科技投入方式，建立国家战略科技力量主导协同创新专项支持基金，对于推动科技创新、强化国家战略科技力量、形成主导协同创新机制具有重要意义。通过多元化的资金投入、灵活的投资方式、建立专项基金等措施，可以确保科技项目的顺利开展和高质量完成，推动科技成果的快速转化和应用。同时，强化监督和评估机制，能够确保资金的有效使用和科技创新的实质性突破。在未来的实践中，我们需要不断优化这些机制，以适应科技创新发展的新需求，为国家的科技创新事业提供更加坚实的资金和制度保障。

第五节　强化防范和化解风险保障，增强风险化解能力

强化国家战略科技力量关乎国家发展大计，也面临着潜在风险。要进一步提升上海科技创新风险保障能力，保障上海乃至全国的科技安全，促进在沪国家战略科技力量安全快速发展，助力我国实现科技自立自强。

一、强化国家战略科技力量的风险识别能力

强化国家战略科技力量的风险识别能力。组建跨学科、跨领域的国家战略科技力量专家组，以专家组为主导开展战略科技力量建设的事前评估工作和识别潜在风险，定期论证国际局势变化下上海强化国家战略科技力量面临的主要风险，以上海市科委为主导实时监测风险态势，提升监测识别预警能力。

第一，系统性风险识别与评估。政策风险分析，评估政策变化对科技领域的潜在影响，包括政策的连贯性、稳定性和透明度。第二，国际政治与经济风险。分析国际局势、贸易战略等对科技合作、技术进出口和国际创新合作的风险。第三，技术创新风险管理。一是技术可行性风险。评估新技术的实际应用可能面临的技术难点、局限性和可能的失败风险。二是市场接受度风险。分析市场对新技术的接受度、竞争格局及市场预期，避免投入过多资源但市场不接受的风险。第四，人才与组织风险。一是人才流失与团队稳定性。评估科技团队的稳定性、人才流失风险，提出人才留存和激励策略，以保持创新稳

定的人才队伍。二是组织变革风险。分析科技组织结构调整对创新效率和稳定性的影响，制定变革策略以降低风险。第五，法律、规制与知识产权风险。一是知识产权保护。评估新技术的知识产权保护情况，制定合适的知识产权保护策略以降低技术盗窃、侵权等风险。二是法律法规遵从。确保科技创新项目符合国家法律法规，避免违法行为带来的法律风险。第六，数据与网络安全风险。一是数据泄漏与安全。评估科技创新过程中可能产生的数据泄漏风险，制定安全措施以保障敏感信息的安全。二是网络攻击与数据篡改。预防网络攻击对科技创新项目的破坏，制定网络安全策略以确保数据的完整性和可信度。

二、加强国家战略科技力量应急能力储备

总结梳理国内外国家战略科技力量发展经验，结合在沪国家战略科技力量实践中取得良好效益的政策举措，结合上海科技创新资源优势，构建有助于推动上海强化国家战略科技力量的长效机制。建设快速筹备、快速启动和随时待命的应急机制和保障团队，增强应对国家战略科技力量发展风险能力的储备。

应急能力储备面临着多重挑战，需要综合考虑政策、技术、人才、社会等多方面的因素，以建设健全、高效、应变能力强的体系。首先，面对多样化、复杂化的突发事件，我们应不断完善应急预案，丰富预案类型，确保能覆盖各种突发事件可能出现的情景。这需要不仅仅关注技术层面，也需深入挖掘社会经验和国际合作的智慧，共同

应对复杂多变的风险。其次，技术变革的速度过快，让科技发展超越了我们的预期。为了适应技术的快速迭代，我们应当鼓励科技人才不断学习和适应，建立健全的学习机制和培训体系，保持对新技术的敏感度。与此同时，我们需要持续加强国际合作与交流，共同研究应对新兴科技带来的挑战和机遇。总体来说，加强国家战略科技力量应急能力储备需要全社会的共同努力，包括政府、企业、科研机构、社会组织等方面，共同应对多元化、复杂化的风险，以实现国家安全和社会稳定的战略目标。

加强国家战略科技力量的应急能力储备是确保国家在科技领域具备有效、及时、协同的应对能力的重要手段。这种能力的储备涉及多方面的内容，其中三个主要方面是：制定科技领域应急预案、积累应急资源、培养应急人才。首先，制定科技领域应急预案至关重要。这包括根据可能发生的突发事件情景，制定详细的预案，明确应对措施、责任分工、信息传递与协调机制等。这些预案应涵盖各个重要科技领域，如人工智能、生物技术、信息技术等，并与其他应急预案密切关联，确保科技领域在复杂多变的情境下能够做出迅速、科学、有效的决策与应对。其次，积累应急资源是保障应急能力的重要支柱。这包括储备必要的物资、技术设备、知识资料等。具体来说，对于科技领域的应急，可能需要储备具有关键技术的设备、重要的数据和信息、具备特定专业知识的人才等。这些资源的及时调配和应用可以在突发事件发生时迅速展开救援与恢复工作。最后，培养应急人才是应急能力储备的长久之计。建设一支专业化、高效率的科技应急救援队伍，加强应急人才的培养与培训，增强他们的应急意识、协同能力、应变能力，对于应对突发事件至关重要。这也包括对科技领域从业人员的应急意识的培养，让他们能够在突发情况下迅速做出判断和行动。

三、增强国家战略科技力量风险化解能力

坚持科技自立自强战略，不断增强科技自主创新能力。强化潜在颠覆性创新的前瞻研判，借助市场优势推动国家战略科技力量建设。持续创新和优化科技体制机制，形成有助于强化国家战略科技力量的制度环境。加强国内外科技交流合作，避免"闭门造车"带来的风险，降低科技制裁风险。强化国家战略科技力量的风险管控能力，构建有效防范和化解科技领域重大风险的应急体系能力。

增强国家战略科技力量风险化解能力是确保科技领域稳定发展、创新推进的重要保障。这种能力的增强需要多方面的努力，其中包括建立健全风险识别体系、加强政策引导、完善技术创新生态、培养高水平科技人才等。首先，建立健全风险识别体系至关重要。这需要对科技领域可能出现的风险进行全面、系统的评估和识别，包括技术风险、市场风险、政策风险、人才流失风险等。只有深入了解各种潜在风险，并及时采取措施进行预防和化解，才能更好地保障国家战略科技力量的稳定发展。其次，加强政策引导对于风险的化解至关重要。政府在制定科技政策时，需要充分考虑科技发展的长远规划，推动健康的技术创新和产业发展，同时制定相应的政策来规范和引导科技企业，以减少可能的风险和不确定性，提高科技领域的稳定性。另外，

完善技术创新生态也是增强风险化解能力的关键。鼓励创新和实践，为新技术的发展提供良好的生态环境，包括科技产业的孵化器、创业基地、研究院所等，为新技术的试验和实践提供充足的资源和支持。最后，培养高水平科技人才也是增强风险化解能力的不可或缺的一环。高水平的科技人才是化解科技领域风险、创新突破的重要力量。通过优质的教育、培训和合适的激励机制，吸引和培养更多的科技人才，提高他们的创新能力和风险识别能力，对于保障国家战略科技力量的长远发展至关重要。

增强国家战略科技力量风险化解能力需要多方面的措施和努力，包括建立健全风险识别体系、加强政策引导、完善技术创新生态、培养高水平科技人才等。只有全面提升风险识别和化解的能力，国家战略科技力量才能在不断变化的环境中稳健前行，实现可持续创新和发展。

第六节　提供充足的人才保障，优化高层次科技创新人才培养机制

率先实行更加开放、更加便利的人才引进政策，积极引进培育高层次科技创新人才、拔尖人才和团队，提高科技创新人才的待遇水平，创新科技创新人才和团队参与科技创新成果分配的高效机制，优化科技创新人才和团队开展科研活动的环境，形成全球科技创新人才新高地。首先，优化高层次科技创新人才培养机制，加强高层次科技创新人才团队培育，大力引进和培育一批具有国际影响力的高层次科

技创新人才和团队；其次，加大对优秀青年科技人才的扶持力度，优化青年科技创新人才的培养机制和激励机制，优化科技创新人才支持体系，形成有助于培育杰出青年科技创新人才的长效机制；再次，加强基础研究人才团队培育，强化战略领域前瞻部署，鼓励和长期稳定支持科技创新人才围绕重大原创性基础前沿和关键核心技术的科学问题开展研究；最后，不断强化科技创业活力，加大科技创业扶持力度，优化科技创业环境，建立多维度、多层次的创业支持系统，打造一批具有颠覆性和成长潜力的科技创业企业家。

一、现有科技创新人才培养机制的不足

现有科技创新人才培养机制存在诸多不足之处，首先，现行培养模式往往过分依赖传统教育体系，过于注重理论知识的传授，而忽视了实践能力的培养。这种理论偏重、实践不足的模式导致了很多科技人才在实际创新与应用中显得力不从心，缺乏创意和创新精神。其次，科技创新领域的发展日新月异，但现有培养机制往往滞后于时代变革，无法及时跟进最新的科技趋势和需求。这种滞后性使得培养出的人才可能无法胜任当前科技发展的需要，造成人才与实际需求之间的脱节。此外，现有培养机制的课程设置和教学内容往往过于僵化，无法灵活适应多样化、跨学科的科技创新要求，造成了人才培养的局限性。综上所述，现有科技创新人才培养机制亟须进行深刻的改革与创新，以适应日益复杂多变的科技发展环境。

为了解决现有科技创新人才培养机制的不足，我们需要采取一系

列积极的改革措施。首先，要推进实践教育与理论教育相结合的教育模式，加强实践技能的培养，培养学生解决实际问题的能力和创新精神。这可以通过推动项目化、实践性课程以及实习、实训等方式来实现。其次，应该建立灵活多样的课程体系，及时更新课程内容，紧跟科技领域的最新发展。这需要与产业界建立紧密联系，开展产学研合作，以确保培养出的科技人才能够适应行业的快速变革和创新需求。另外，还应加强跨学科和综合能力的培养，打破学科壁垒，鼓励学生参与多学科合作与交流，培养他们的创新思维和团队协作能力。这可以通过开设跨学科课程、组织跨学科项目等方式来实现。最后，要加强对学生的职业规划的引导，引导他们选择适合自己兴趣和能力的科研方向和领域。建立健全的导师制度，为学生提供良好的导师资源和指导，帮助他们更好地成长为科技创新人才。总的来说，通过多方面的改革和创新，我们能够逐步弥补现有科技创新人才培养机制的不足，培养更具创新力和实践能力的科技人才。

二、提高人才培养机制的效率和质量

为了提高人才培养机制的效率和质量，我们需采取一系列切实可行的举措。首先，应加强与产业界的紧密合作，建立起产学研深度融合的机制。通过与企业、研究机构的合作，可以使教育更贴近实际应用，确保高校毕业生获得的知识和技能符合实际职业需求，提高毕业生的就业竞争力。其次，要推动教育资源的共享和整合，建设开放型的教育体系。借助现代科技手段，开展在线教育、远程培训等灵活多样的学习方式，打破地域和时间限制，让更多的人才接触到优质教育资源，提高培养效率。此外，建议采用个性化、定制化的培养方案，根据学生的兴趣、特长和发展需求，制定个性化的学习计划，为每位人才量身打造适合自己的培养路径，充分发掘他们的潜能。同时，应选拔优秀的企业家和科研人才，为初创科研人员提供优质的教学和指导。培养创新教育的多元化、国际化，吸引优秀的国内外教育者加入，引进前沿的教育理念和方法。总的来说，通过与产业界紧密合作、资源共享、个性化培养等多方面的努力，我们能够不断提升人才培养机制的效率和质量，为社会培养更多更优秀的科技人才。

企业想要培养创新人才，需要采取一系列策略和举措，创造创新文化和氛围，激发员工的创造力和创新潜力。设立创新团队和项目，在企业内部设立专门的创新团队，或者开展创新项目，鼓励员工参与。这些团队或项目可以关注特定领域的创新、新产品研发、流程优化等，为员工提供创新实践的平台。鼓励自主创新和探索，鼓励员工提出新想法、新方法，给予充分的自主决策权和实践空间。创建一个安全、开放、包容的环境，让员工敢于尝试、勇于创新。提供创新奖励和激励机制，设立创新奖励制度，对于员工的创新成果给予奖励，可以是奖金、晋升机会、荣誉奖项等。这样可以激励员工积极参与创新活动。开展创新培训和教育，组织创新培训课程、研讨会和研讨活动，向员工传授创新理念、方法和工具，增强员工的创新意识和能力。创建内部创新交流平台，让员工分享创新经验、成功案例和失败教训，促进员工之间的创意碰撞和思想交流。支持外部创新合作，鼓励员工参与行业内外的创新合作、研究项目，与高校、研究机构、其他企业等建立合作关系，获取外部创新资源。允许失败并鼓励创业精神，鼓励员工尝试新方法和创意，即使失败也要给予肯定和鼓励，培养员工的创业精神和勇于创新的态度。

三、提供充足的人才保障

国家战略的实施离不开充足的科技人才保障，这需要多方面的努力和有效的举措。首先，国家应制定全面、长远的人才培养战略规划，结合国家战略的重点领域和需求，明确人才培养的方向、目标和重点。这样能够保证人才培养与国家战略的紧密衔接，为国家发展提供战略性的智力支撑。其次，需要优化高等教育体系，加大对科技领域的人才培养投入。国家可以逐步加强高校与科研机构的合作，推动高等教育向科研、产业创新方向转变，培养更多具有创新意识和实践能力的科技人才。最后，鼓励企业、科研机构和高校间的紧密合作也是提供人才保障的重要途径。通过建立产学研合作机制，企业可以参与人才培养，提供实践基地和导师，确保学生在实践中得到充分锻炼，适应国家战略发展的需要。

第七节　制定建立在沪国家战略科技力量主导协同创新机制的行动计划

协同创新机制可以加强科研机构、企业、政府等方面的合作，推动科技成果转化和应用，通过制定在沪国家战略科技力量主导的协同创新机制行动计划，明确战略目标、功能地位、保障措施，优化资源配置，提高科技创新的效率，从而提升国家战略科技力量在科技领域的整体实力。

一、总体要求

（一）指导思想

以习近平新时代中国特色社会主义思想为指导，全面贯彻党的二十大和二十届二中、三中全会精神，深入贯彻落实习近平总书记关于科技创新的系列重要论述，按照党中央、国务院决策部署，深入实施创新驱动发展战略，以提升基础研究能力和突破关键核心技术为主攻方向，强化在沪国家战略科技力量，推动国家创新体系整体效能显著提升。

（二）基本原则

坚持服务创新驱动发展战略。牢牢把握创新在我国现代化建设全局中的核心地位，把科技自立自强作为国家发展的战略支撑，强化国家战略科技力量。坚持服务创新驱动发展战略，发挥上海承担强化国家战略科技力量重大使命的能力和优势。

坚持面向世界科技前沿、面向经济主战场、面向国家重大需求、面向人民生命健康，制定上海强化国家战略科技力量部署的主要领域和发展方向。

坚持聚焦关键核心技术突破。以关键核心技术突破为目标提升创新能力，重点攻克"卡脖子"技术问题。以问题为导向，以需求为牵引，加快关键核心技术攻关，努力在关键领域实现自主可控，确保产业安全和国家安全。

坚持推进重点领域技术攻关。着力推进集成电路、人工智能、生物医药等领域实现重大技术突破，掌握一批具有自主知识产权的关键核心技术，持续提升产业创新能力。

坚持区域协同创新。上海强化国家战略科技力量要结合长三角一体化创新协同发展，着眼国家战略定位，立足国家需要、区域需求、上海优势的重点领域，着力增强高端要素集聚和辐射能力，提升区域创新能力和核心竞争力，推动长三角形成高质量发展的科技创新共同体。

（三）主要目标

在沪国家战略科技力量建设以国家重大需求为导向，以引领发展为目标，强化科技创新策源功能，扩大高水平科技供给。面向国家重点战略需要，立足上海自身优势，到 2025 年，在沪国家战略科技力量取得重大提升，集成电路、生物医药、人工智能三大"上海方案"加速落地，更多关键核心技术实现自主可控，上海建设具有全球影响力的科技创新中心迈上新台阶、取得新突破，在国家战略科技力量建设中贡献上海力量。

二、国家战略科技力量的主要类型与功能定位

当前，在沪国家战略科技力量体系形成了"4+1"格局，即"4"——国家实验室、国家科研机构、高水平研究型大学、科技领军企业是国家战略科技力量的重要组成部分；"1"——综合性国家科学中心或国际科技创新中心。依据组织特征，可将国家战略科技力量分

为3种组织类型，即主体类、载体类、平台类；依据"综合集成能力"和"市场化程度"，可以将国家战略科技力量分为4类，即综合型、专业型、集群型和市场型，上述"4+1"格局的国家战略科技力量体系，在国家战略科技力量分类模型中处于不同位置。

第一，综合型国家战略科技力量。综合型国家战略科技力量是从国家重大战略和公共利益出发，为国家发展与安全提供全面服务的科技力量及其组合，具有强烈的使命导向，承载明确的国家意志，有鲜明的目标框架，是国家战略科技力量体系的"压舱石"和"主力军"。

第二，专业型国家战略科技力量。专业型国家战略科技力量通过培育和集聚科技、产业、金融、人才、知识产权等专业创新要素，开展前沿科技知识创新、科技人才培养，为综合性战略科技力量提供创新要素供给，是国家战略科技力量体系的重要方面军和战略支援部队。

第三，集群型国家战略科技力量。集群型国家战略科技力量是由各地依托本地区位优势，结合区域科技资源禀赋，形成的科学中心、创新集群和人才高地，能够提供包容创新的环境、协同创新的桥梁、开放共创的创新生态，形成重大科技基础设施和大科学装置的集群效应，促进学科交叉融合，创新管理模式和科研生产力布局，提高创新效能。

第四，市场型国家战略科技力量。市场型国家战略科技力量是推动创新链、产业链深度融合的"出题者"，提升产业基础能力和产业链现代化水平的"牵引者"。一些机构往往具有双重或多重属性，部分研究型大学在开展科技人才培养、前沿科技创新的同时，也围绕国家战略需求形成了一系列核心功能。

三、保障措施

切实加强党的领导。党和政府是强化国家战略科技力量的组织主体，进一步加强党的全面领导，发挥各级党组织在推动强化在沪国家战略科技力量中的领导核心作用以及联结创新主体各方的作用。强化政府作为重大科技创新活动的组织者、引导者、整合者作用，做好统筹协调、要素组织、社会管理、资源调动，为强化国家战略科技力量提供坚实的组织保障。

强化科技创新体制机制支持。强化创新驱动的顶层设计，完善科技创新体制机制，坚持目标导向与问题导向，激发创新主体活力、优化科技资源配置，协调各方，为聚焦关键核心技术突破提供体制机制保障。

营造良好创新生态。优化创新环境和资源配置，激发各类主体创新创造活力，营造良好创新生态，形成强化在沪国家战略科技力量的合力。

第八节　不断强化科技创新创业活力

不断强化科技创新创业活力，催生新产业和新模式，促进科技成果转化应用，构建良好创新生态，加强技术创新和研发投入，培育和强化企业科技创新主体地位，对于推动高质量发展、提升国际竞争力具有重要意义。

一、构建科技创新创业生态体系

构建科技创新创业生态体系是实现持续创新和经济发展的关键。首先，我们应该注重创新创业生态体系的多元化和协同化发展。这包括了政府、企业、高校、研究机构、投资机构、创业者等多方面的参与和合作。政府要制定积极支持创新创业的政策，提供创新创业的法律保障和资金支持。企业应鼓励员工的创意和创新精神，并提供良好的创业环境和资源。高校和研究机构要加强科技成果的转化和产业化，为创业者提供技术支持。投资机构则要为创新企业提供资金支持，帮助创新创业项目的落地和成长。创业者应积极参与创新创业生态系统，发挥个人创意和创新能力，在实现自身价值的同时推动整个生态系统的良性循环。

其次，要建立健全的创新创业支撑机构和平台。这些支撑机构可以是孵化器、加速器、创业导师团队等，通过提供资源整合、指导咨询、市场拓展等服务，帮助创业者降低创业风险，加速创业项目的成长。创新创业平台可以是线上的创业社区、创业网络，也可以是线下的创业活动、创业大赛等，通过这些平台为创业者提供交流合作、展示创意、寻求合作伙伴的机会，促进创业项目的孵化和推进。

最后，要加强创新创业教育和人才培养。从教育层面培养具有创新意识、创新能力和创业精神的人才，培养适应科技发展的未来创新创业领袖。这可以通过改革教育体制，推动创新创业教育融入课程体系，组织创业讲座、创业导师指导等方式实现。构建科技创新创业生态体系是一个多方共同参与、相互协同的复杂系统工程，需要政府、企业、高校、创业者和投资机构共同努力，形成有机联动的生态网络，以促进科技创新、推动产业升级、实现经济持续发展。

二、技术创新和研发投入

技术创新和研发投入是推动科技发展和经济增长的关键驱动力。首先，技术创新是不断突破现有技术限制，创造新的知识、新的产品、新的服务的过程。这种创新可以基于基础研究、应用研究和实践经验，通过不同层面的创新相互交织，推动科技的快速发展。技术创新涵盖多个方面，包括但不限于科学研究、工程技术、社会创新和商业模式等。在现代社会，技术创新已成为国际竞争力的体现，能够推动产业结构升级、提高生产效率、改善人民生活质量。

其次，研发投入是支撑技术创新的重要保障。研发投入包括企业、政府和其他组织投资资金、人力、时间等资源，用于科研活动、新产品开发和新技术推广等方面。这种投入不仅是推动技术创新的内在动力，也是企业保持竞争优势、实现可持续发展的基础。企业需要在研发投入上保持持续而稳定的投入，培养科研人才、创新团队，提高研发效率和创新质量。

最后，研发投入需要合理分配和有效管理。这包括了确定研发方向、目标设定、资源配置、项目评估等方面的工作。要根据企业自身特点、市场需求、科技发展趋势等因素，制定科学合理的研发投入策略，确保资源得到最优化利用，最大程度地推动技术创新和产业升级。技术创新和研发投入是现代社会科技发展的核心要素。通过不断加大研发投入，优化创新环境，培养创新人才，激发创新活力，我们能够实现科技的持续进步，推动社会经济的繁荣发展。

三、创新创业孵化与加速器

创新创业孵化与加速器在培育初创企业、推动科技创新和产业升级方面发挥着重要作用。本书围绕促进创新创业孵化器和加速器的健康发展，从政府激励政策、合作推动机制、人才培养等方面提供一系列政策建议。

第一，加强政府激励政策。推进税收优惠政策，制定税收优惠政策，鼓励投资者投资于孵化器和加速器，减少企业创新创业初期的负担，促进更多资金流入创新创业领域。推进财政资金扶持，增加财政资金投入，设立创新创业孵化器和加速器发展基金，用于支持项目孵化、科技成果转化、人才培养等方面。

第二，合作推动机制。以产学研合作推动创新，鼓励孵化器和加速器与高校、科研院所等建立合作关系，共同推动科技成果的转化和应用，实现创新创业的良性循环。推进企业与孵化器合作机制，鼓励大中小企业与孵化器合作，通过孵化器提供技术、资金、导师等资源支持，助力企业创新发展，拓展市场。

第三，加强人才培养和引进。推进人才培养培训机制，建立创新创业人才培养培训机制，举办创新创业实践课程、导师指导项目等，培养创新创业人才。制定政策吸引国际国内高端创新人才，为孵化器和加速器引进具有创新能力和经验的人才，推动创新创业项目的成功孵化和加速。

第四，增强知识产权保护与共享。推进知识产权保护政策，健全知识产权保护法律法规体系，加强孵化器和加速器内部创新成果的知识产权保护，激励创新创业者进行更多创新。建立共享机制，推动孵化器和加速器共享创新创业资源、经验和成果，促进合作共赢，加快创新创业项目的落地和发展。政府、企业、高校和创新创业者共同努力，形成政策、资金、资源、人才和市场的有机结合，共同推动创新创业孵化器和加速器的健康发展，为创新创业注入更多活力和动力。

第八章
建立在沪国家战略科技力量主导协同创新机制的对策建议

　　本章着重探讨在上海建立国家战略科技力量主导协同创新机制的对策建议。在设计强化国家战略科技力量协同的评价指标体系方面，应包括科技基础支撑能力、科技原始创新能力、高端科技引领能力和科技社会贡献能力等维度，以便准确评估在沪国家战略科技力量现状和发展需求。在打造国际一流的新型研发机构方面，上海需深化改革，对标全球顶级科创高地，建立战略咨询委员会，推出有力的政策支持，构建既能瞄准国际尖端又能服务本土产业发展的"顶天立地"新型研发机构，同时采用与国际接轨的科研治理形式，强化制度保障。针对高质量孵化器与科创载体建设，上海应引导各类优质主体参与，聚焦硬科技孵化，建立早期项目发现、验证和孵化机制，连接高端资源，提供专业服务，并通过数字孵化、知识产权服务等手段提升服务能级。探索新型举国体制，上海需要强化国家战略科技力量的制度保障，整合资源，实现政府与市场双重驱动，通过顶层设计和制度创新，推动多元融合的国家战略科技力量体系发展。同时，上海应利用腹地优势，强化与周边省市的联动合作，通过共享创新资源、合作攻关关键技术、构建联合承担大科学计划机制等方式，形成创新集群效应，共同打造世界级的国家战略科技力量体系。

第一节　设计强化国家战略科技力量协同的评价指标体系

当前，上海在推动强化国家战略科技力量发展过程中，对强化国家战略科技力量处于什么地位、发展到什么程度、今后该如何发展、在什么方面发力等方面的认识逐步深化，强化国家战略科技力量的评价标准亟须建立。

建设国家战略科技力量评价指标，对上海目前国家战略科技力量进行评估十分重要，尤其是在科技基础支撑能力、科技原始创新能力、高端科技引领能力和科技社会贡献能力等方面。表 8-1 列出了国家战略科技力量评价指标体系。

表 8-1　国家战略科技力量评价指标体系

科技基础支撑能力	国家部委属科研机构数量和水平	上海有中央部委所属研究院所 57 家，中国科学院上海分院研究院所 16 家，国家级工程技术中心 16 个，国家重点实验室 44 个。进入 2022 年"全国科技创新研究机构 50 强"的上海科研机构 9 家
	顶尖科学家人数	两院院士 187 人
	研究开发人员人数	研发人员 34.5 万人

（续表）

科技原始创新能力	进入世界百强、全国科技城创新50强的高水平研究型大学数量和水平	上海交通大学和复旦大学两所高校跻身世界百强，居46位和56位。进入"2022年全国科技创新高校50强"的上海高校有3所，分别是上海交通大学（第4名）、复旦大学（第5名）、同济大学（第24名）
	城市"自然指数"进入世界十强的情况	排在第3名
	国家重大科技基础设施和条件平台数量	14个
高端科技引领能力	在全球排位进入前1‰的学科数量	ESI前1‰学科数量4个
	在全球排位进入百强的学科数量	ESI前1%学科数量87个
	进入"双一流"建设名单或在全国排位进入A+的学科数量	15所建设高校，64个"双一流"建设学科，A+学科数21个
	进入世界创新百强、全国科技创新500强或行业最前列的科技领军企业数量	进入"2022年全国科技创新企业500强"的上海企业有81家，进入"专精特新"小巨人企业培育名单的有500家
	获得国际科技大奖或进入"高被引"学者世界前1000名或学科领域前10名或担任国家重大科研项目技术负责人或总师（总设计师、总工程师）的战略科学家数量	2020年上海有262名中国高被引学者位居全国第2位。全国40个重大项目总师中就有上海的"蛟龙"号总设计师徐芑南
科技贡献社会能力	近五年国际科技大奖或国家级重大科技成果数量	近五年，上海257项成果获得国家科技奖
	近十年国际科技大奖或国家级重大科技成果数量	近十年，上海506项成果获得国家科技奖
	承担国家重大科研项目数量	2022年上海牵头承担国家重大专项项目929项，获批国家自然科学基金项目4649项，牵头承担国家重点研发计划项目554项
	承担国家重大科研项目的总金额	2022年承担国家重大科研项目资金333.04亿元

资料来源：根据公开资料整理。

第二节　推动国家战略科技力量高质量协同创新

加快建设在沪国家实验室，强化引领发展的高水平创新主体建设。目前，在沪三大国家实验室成立，在沪国家重点实验室达45家。上海应当全力推进国家战略科技力量建设服务保障工作，深入探索国家实验室新型管理运行机制，持续强化创新策源功能，建立专门服务保障工作机制，加强人才、资金、土地、设施、政策等属地化保障。

上海的重大科学设施建设远未完善，要进一步增加深层次、实质性科研成果，进一步强化国家实验室及其他重大科学设施建设。应争取中央支持，增加上海及长三角地区重大科学装置的布局数量，整合区域内已有重大科学装置，并在重大科技基础设施建设、运营体制机制方面取得系列突破，形成符合长三角地区科技创新需求的重大科研基础设施群。

将集成电路、生物医药和人工智能作为上海近期科创合作的重点领域，通过尽快落实创新政策突破现有的科创合作阻碍，以集成电路产业打造上海科创产业"协同创新共同体"典型范例。

围绕重大科学装置打造上海重大科技创新平台，利用重大科学装置，为长三角地区的科研人员创造合作机会。可以推动重大科学装置为科创人员开放共享，将重大装置打造为上海参与国内科创循环的重要载体。

第三节　打造国际一流的新型研发机构

强化企业科技创新主体地位，推进科技创新向更深更广领域前进，需要培育符合市场规律的创新载体。近年来，随着国家创新驱动发展战略的深入实施，新型研发机构已成为国家创新体系建设中的一支重要力量，成为科技创新与产业发展融合的新载体。以理念创新引领持续深化改革，将打造国际一流的新型研发机构作为上海制胜未来全球科技竞争、着眼未来构建战略优势的关键一招，出台更多力度更大、范围更广、服务更优的支持举措。加快建立上海科技创新战略咨询委员会，整体谋划上海国际一流的新型研发机构建设，对标硅谷、马普、筑波、伯克利等全球顶尖科创高地，聚焦科技创新"四个面向"，加快打造一批"顶天""立地"的新型研发机构。所谓"顶天"，就是要以汇聚国内外顶尖科技精英、产出世界一流重大原创成果、成为全球顶级科学研究机构为目标，瞄准世界科技最前沿，积极参与国际竞争；所谓"立地"，就是要服务上海重点产业领域高质量发展，在打造具有创新策源意义、引领赛道风口的"核爆点"中发挥核心作用。

此外，国际一流的新型研发机构，还需要拥有与国际接轨的科研治理形式。借鉴北京、广州、深圳等地经验，制定政府相关部门任务分解表和可供具体操作的实施细则，并根据实际情况动态调整。对于实践证明行之有效的改革举措，适时以地方立法予以固化，为新型研发机构高质量发展提供制度保障。

第四节　建设高质量孵化器与科创载体

相较于一般的科技孵化器，高质量孵化器以下特征更为明显：更专业的建设主体，以一流孵化人才为牵引，引导科技领军企业、知名高校（大学科技园）、科研院所、顶尖投资机构等开展建设；更聚焦"硬科技"孵化，围绕现代化产业体系，关注前沿技术、未来产业，支撑颠覆性科技成果的率先转化和硬科技企业的加速孵化；创新要素资源更集聚，通过创新链、产业链、资金链和人才链的多链协同、融合发展，实现"科技—产业—金融"的良性互动；更具国际视野和理念，融汇国际高端资源，拓展全球创新合作网络，实现"走出去"和"引进来"的双向融通。

第一，培育"超前孵化"新模式。引导高质量孵化器与高水平科技智库合作，发现一批细分赛道未来发展新趋势，实现"超前发现""超前布局"；对接"基础研究特区""探索者"等各类创新计划，加强对基础研究的跟踪对接，从"选育项目"向"创造项目"转变，提升孵化策源功能。针对重大实践问题和场景需求，组织科研专家、运营人才、资金基金和产业资源，组建合伙人团队，"组装"一批"硬科技"创业项目。

第二，探索未来产业孵化新范式。支持国家实验室、高水平研究型大学等战略科技力量配建高质量孵化器，带动更多未来产业重点方向的关键核心技术实现成果转化应用。鼓励高质量孵化器围绕新兴、前沿领域，深化与高校院所、龙头企业、投资机构合作，强化底层技术、颠覆性技术等的突破；加强前沿技术多路径探索和融合创新，构建未来产业应用场景，培育未来产业，抢占发展新高地。

第三，加速孵育硬科技企业。引导高质量孵化器建立早期硬科技项目（技术）发现、验证、熟化及孵化机制，畅通"转化—孵化—产业化"链条，培育硬科技企业。探索"技术＋产业"孵化新模式，加速核心技术成果转化和关键技术节点企业培育，对成效显著的给予资金支持。

第四，引导高质量孵化器链接"强资源"。支持高质量孵化器搭建开放式服务平台，与各类专业服务机构开展深度合作，为科技企业提供高水平技术筛选、工业设计、供应链和产业链资源链接等专业服务。运用大数据、区块链、人工智能等技术开展数字孵化，通过创业要素图谱、数字企业画像，提高孵化效率。

第五，推动高质量孵化器拓展"硬服务"。支持高质量孵化器联合龙头企业、高校院所、医疗卫生机构等，共建实验检测、概念验证、中试基地等平台，开展专业服务，对成效显著的给予资金支持。挖掘产业数字化、智能化和绿色化转型需求，打造创新型应用场景，优先推荐纳入"成果转化目录""创新产品目录"，享受相关政策支持。

第六，提升知识产权服务能级。支持高质量孵化器自建或合建专利导航服务基地、高价值专利培育中心等，为企业提供核心关键技术全生命周期知识产权服务指引。强化与上海技术交易所、上海知识产权交易中心等机构合作，建设专业化、一站式、高水平知识产权运营服务平台，提供技术资产增值服务。

上海要加大对科创载体的支持，促进社会资源参与科创载体发展，提升科创载体的资源整合能力，建立起以孵化器为中心的创新创业生态网络，进一步强化科创载体的专业化服务；明确政府功能定位，实施高校管理，完善相关制度建设，政府应基于"竞争中性"原则引导和管理科创载体；鼓励科创载体将社会公共服务的范畴延伸到科创载体的创新服务领域；同时，培养相关的科创载体专业人才，推动高质量科创载体建设。

第五节　推动国家战略科技力量协同下的数智化转型

推动国家战略科技力量引领数智化转型是迈向现代化、智能化社会的必然要求。首先，国家战略科技力量应积极投入到数字技术、大数据、人工智能、物联网等领域的研究和创新，推动新一代信息技术的突破和应用。其次，国家应制定相应政策，为科技企业提供税收优惠、创新基金支持、知识产权保护等方面的激励，激发科技人才创新创业的热情。最后，重要的是加强国际合作，吸引全球高水平科研人才和科技企业参与我国的数智化转型，共同推动全球数字化科技发展。在产业方面，应该鼓励传统产业向数字化、智能化方向转型升级，推动制造业、农业、医疗、交通等领域的数智化发展，实现高效生产、资源优化配置和智能决策。通过这些举措，国家战略科技力量将扮演引领者的角色，推动我国加速步入数字化时代，实现全社会的高质量发展。

推动国家战略科技力量引领数智化转型是实现数字时代全面变革的重要战略举措。首先，国家应大力支持和鼓励战略科技力量在数字技术、人工智能、大数据、区块链等领域的研究和应用。通过政策激励和资金支持，推动科技力量进行前沿技术研发，创新解决方案，实现从数据到智能的跨越升级。其次，国家战略科技力量要加强与产业界、学术界的紧密合作。通过产学研结合，共同探索新的技术应用场景和商业模式。支持科技企业与高校、研究机构合作，共同开展科技创新项目，推动科研成果转化为实际产品和服务。再次，为了推动数智化转型，国家战略科技力量应该着眼于人才培养。培养具有数字思维、创新能力和跨学科知识的科技人才。鼓励青年人才创新创业，为年轻的创新者提供创业支持和导师指导，推动创新创业生态的形成和发展。最后，政府应积极制定推动数智化转型的政策，为创新提供更加宽松的法律环境和政策支持。为数字科技企业提供税收优惠、融资支持等政策，鼓励更多投资者投资于数字科技领域。推动国家战略科技力量引领数智化转型，不仅可以提升我国科技创新能力，加速产业升级，还可以推动经济社会的可持续发展，为建设数字中国作出积极贡献。

第六节　探索强化国家战略科技力量协同的新型举国体制

强化国家科技战略科技力量需要从制度上得到保障，制度创新是科技创新的基础。上海要推动强化国家战略科技力量，需要试验新型举国体制。

以实现国家发展和国家安全为最高目标，以创新发展的制度安排为核心，完善资源优化配置长效机制，用好政府与市场"两只手"，实现生产要素和创新要素的充分流动与统筹配置，将集中力量办大事的制度优势转变为发展优势和治理效能。以国家战略需求为引导，系统谋划顶层设计，加强前瞻性思考、全局性谋划、战略性布局、整体性推进，固根基、扬优势、补短板、强弱项。坚持举国体制和市场机制相结合，有为政府与有效市场形成合力，建立政产学研用同频共振联合攻关的协同强化国家战略科技力量的体制机制。

完善国家科技治理体系，开展制度集成创新，构建科技、产业、金融、人才、知识产权等统筹衔接的举国科技创新政策体系。全方位持续推进多元融合的国家战略科技力量体系与能力建设，推动基础研究、应用研究、试验开发和产业创新深度融合。完善推动创新发展的国家战略科技力量布局，建设突破型、引领型、平台型一体化的国家实验室体系。强化企业创新主体地位，支持由领军企业牵头组建、大学和科研院所等有效参与的创新联合体。推动一批高水平大学和学科进入世界一流行列或前列，增强行业协会在共性关键技术研发中的引领作用。

第七节　促进国家战略科技力量跨界合作和开放创新

促进国家战略科技力量跨界合作和开放创新是实现科技领域快速发展和全球领先的关键。首先，国家应积极推动国际科技交流与合作，鼓励战略科技力量与其他国家的科研机构、企业开展深度合作，共同攻克全球性科技难题，推动科技领域的创新突破。其次，跨领域合作也是不可忽视的。在科技创新的过程中，不同领域的交叉融合能够创造出更具颠覆性的科技成果，因此鼓励不同领域间的科技力量开展合作，推动技术、产业和知识的跨界整合与创新。最后，国家还应搭建开放的创新平台，鼓励公共研究机构、高校、企业等共同参与创新活动，共享资源和知识，形成共创共赢的创新生态。在政策上，要提供支持和激励，降低合作成本，鼓励企业进行技术引进、合作研发，推动科技成果的快速转化和推广。通过跨界合作和开放创新，国家战略科技力量能够在全球科技竞争中保持领先地位，为国家的可持续发展作出更为突出的贡献。

构建上海强化国家战略科技力量与国际科技创新中心建设的协同机制，通过推动建设国际科技创新中心促进强化国家战略科技力量，通过强化国家战略科技力量进一步巩固国际科技创新中心的地位。一方面，上海承担着建设国际科技创新中心的使命，另一方面，上海必将在强化国家战略科技力量中发挥重大作用。强化国家战略科技力量契合于建设国际科技创新中心的目标，两者之间存在着内在逻辑机理联系。

要加快重大科技创新平台建设，提升原始创新能力；要深度参与国家重大科技项目的研发和攻坚；要深度融入全球创新网络，努力建设全球创新需求的发布地、全球创新成果的集结地和全球技术要素市场的重要节点；要不断凝聚高端人才，加快建设世界重要的人才中心和创新高地。以科技创新进一步巩固上海强化国家战略科技力量优势。国际科技创新中心的建设离不开国家战略科技力量的强化，强化在沪国家战略科技力量也是建设具有全球影响力国际科技创新中心的重要一环。

第八节　促进长三角科技创新一体化发展

　　腹地优势是上海科技创新发展的重大优势，也是上海全球创新策源地建设的最重要依托，上海推进强化国家战略科技力量发展，除了进一步利用好上海的创新资源，发挥出上海的优势外，还必须进一步借助上海处于长三角地区的区位优势，形成沪、苏、浙、皖良性联动、共同发力的创新局面。上海应加强与长三角地区的协同合作，将在沪国家战略科技力量发展与长三角一体化相结合，形成差别发展、优势互补的国家战略科技力量体系，努力建成国内领先、全球知名的国家战略科技力量共同体。第一，完善长三角国家战略科技力量合作与共享体系；第二，健全区域国家战略科技力量体系；第三，突破区域关键核心技术合作攻关的障碍；第四，构建联合承担大科学计划机制；第五，健全科技创新交流体系；第六，打造长三角国家战略科技力量集群。

　　打造核心引领的长三角创新集群。长三角培育发展区域创新集群应遵循其形成发展的内在规律，进一步强化上海科创中心的功能定位，立足三省一市区域创新资源禀赋条件，共建长三角区域协同一体化创新体系，打造"核心引领、轴带支撑、全域协同"的创新网络化空间格局。

　　第一，长三角创新集群建设要围绕区域创新中心，共同打造区域创新核心。三省一市的科创中心建设应紧紧围绕着长三角区域创新中心建设，在重大科研基础设施布局规划、重大科技计划及行动部署、重要科技创新政策设计和制度安排等方面取得一致行动。要制定工作方案，集国家之力，将长三角区域内的国家实验室（筹）打造为世界一流的国家实验室。

第二，长三角创新集群建设要打造"核心引领、轴带支撑、全域协同"的多层次"中心—外围"区域创新结构。要专门制定在长三角区域如沿 G60 科创走廊、沿 G42 高端制造走廊等设立一批创新集群的方案和计划，制定配套协同发展政策。突出上海作为长三角科创中心的"创新源"核心作用，发挥强大的创新策源力，成为连接区域创新网络的主枢纽，在长三角集聚和配置全球科技创新资源。依托江苏产业科技创新中心、浙江互联网创新中心、安徽科学中心与产业创新中心等区域创新极点，建设合理有序的创新节点区域与节点城市，进一步形成节点辐射、轴带支撑的创新网络扇面，推进创新成果的产业承载转化。

第三，长三角创新集群建设要重视引进与培育基础研究领域创新人才。可梳理形成面对国家战略需求导向且创新基础研究领域薄弱环节的创新人才地图，形成人才肖像全景图、人才引进指导目录及人才学科建设指导目录，更加关注基础领域的科学人才，识别产业人才缺口和人才质量"洼地"，定期形成人才形势报告，作为精准引才、育才的参考，也有利于区域创新人才跨产业、跨部门的合理流动。

第四，长三角创新集群建设要重点针对"卡脖子"技术突破和探索创新集群发展模式。比如，组建"高端芯片及设备创新集群"，避免芯片技术研发和投资遍地开花，力求突破此领域的"卡脖子"技术。又如，组建"飞机发动机创新集群"，突破我国飞机发动机以及船舶柴油机的制造技术。在组建长三角创新集群中，注重探索创新集群发展模式，包括新型举国体制的探索和实践。

参考文献

1. 白春礼：《强化国家战略科技力量》，《求是》2021 年第 1 期。

2. 白光祖、曹晓阳：《关于强化国家战略科技力量体系化布局的思考》，《中国科学院院刊》2021 年第 5 期。

3. 白俊红、蒋伏心：《协同创新、空间关联与区域创新绩效》，《经济研究》2015 年第 7 期。

4. 卞松保、柳卸林：《国家实验室的模式、分类和比较——基于美国、德国和中国的创新发展实践研究》，《管理学报》2011 年第 4 期。

5. 蔡笑天、李哲、常燕：《强化科技领军企业在国家战略科技力量体系中的地位与作用》，《科技中国》2023 年第 12 期。

6. 曹祎遐、高文婧：《企业创新生态系统结构发凡》，《改革》2015 年第 4 期。

7. 陈劲、柳卸林：《自主创新与国家强盛——建设中国特色的创新型国家中的若干问题与对策研究》，科学出版社 2008 年版。

8. 陈劲、阳银娟：《协同创新的理论基础与内涵》，《科学学研究》2012 年第 2 期。

9. 陈劲、阳镇、朱子钦：《新型举国体制的理论逻辑、落地模式与应用场景》，《改革》2021 年第 5 期。

10. 陈劲、朱子钦：《加快推进国家战略科技力量建设》，《创新科技》2021 年第 1 期。

11. 陈劲:《以新型举国体制优势强化国家战略科技力量》,《人民论坛》2022 年第 23 期。

12. 陈钰芬、陈劲:《开放式创新促进创新绩效的机理研究》,《科研管理》2009 年第 4 期。

13. 刁丽琳、朱桂龙:《产学研联盟契约和信任对知识转移的影响研究》,《科学学研究》2015 年第 5 期。

14. 樊春良:《国家战略科技力量的演进:世界与中国》,《中国科学院院刊》2021 年第 5 期。

15. 樊霞、陈娅、贾建林:《区域创新政策协同——基于长三角与珠三角的比较研究》,《软科学》2019 年第 3 期。

16. 傅家骥:《技术创新学》,清华大学出版社 1998 年版。

17. 高鸿钧:《加强国家战略科技力量协同加快实现高水平科技自立自强》,《中国党政干部论坛》2022 年第 2 期。

18. 郭晓川:《高等学校科技成果转化研究现状评述》,《研究与发展管理》1996 年第 3 期。

19. 韩军徽、李哲:《强化国家战略科技力量:认识、问题与建议》,《中国科技论坛》2023 年第 3 期。

20. 韩喜平、朱翠明:《分配制度上升为基本经济制度的理论逻辑》,《社会科学辑刊》2020 年第 4 期。

21. 何亮:《强化国家战略科技力量支持上海国际科技创新中心建设》,《科技日报》2021 年 9 月 30 日。

22. 何郁冰:《产学研协同创新的理论模式》,《科学学研究》2012 年第 2 期。

23. 洪银兴：《产学研协同创新的经济学分析》,《经济科学》2014 年第 1 期。

24. 贾宝余、董俊林、万劲波等：《国家战略科技力量的功能定位与协同机制》,《科技导报》2022 年第 16 期。

25. 贾宝余、王建芳、王君婷：《强化国家战略科技力量建设的思考》,《中国科学院院刊》2018 年第 6 期。

26. 贾宝余：《强化国家战略科技力量》,《学习时报》2017 年 11 月 29 日。

27. 蒋娇燕、朱学彦：《上海强化国家战略科技力量的路径与对策》,《科技中国》2023 年第 12 期。

28. 李福、李正风：《国家战略科技力量协同问题及其解决路径研究》,《自然辩证法研究》2023 年第 10 期。

29. 李力维、董晓辉：《系统论视域下国家战略科技力量体系建设研究》,《系统科学学报》2024 年第 2 期。

30. 李萍、杜乾香：《新中国 70 年经济制度变迁：理论逻辑与实践探索》,《学术月刊》2019 年第 8 期。

31. 李伟：《推动中国经济稳步迈向高质量发展》,《智慧中国》2018 年第 1 期。

32. 李艳红、赵万里：《发达国家的国家实验室在创新体系中的地位和作用》,《科技管理研究》2009 年第 5 期。

33. 李湛、刘波：《中国科技创新体制机制的基本经济制度属性、逻辑关系与时代价值》,《华东师范大学学报》(哲学社会科学版)2023 年第 2 期。

34. 李湛、王晓娟：《新时代长三角一体化发展的新路径与新机制》,《上海经济》2018 年第 3 期。

35. 李湛、吴寿仁:《走向自主创新——中国现代创新的路径》,上海人民出版社 2008 年版。

36. 李湛、张剑波:《现代科技创新载体发展理论与实践》,上海社会科学院出版社 2019 年版。

37. 李湛、张彦:《长三角一体化的演进及其高质量发展逻辑》,《华东师范大学学报》(哲学社会科学版)2020 年第 5 期。

38. 李湛:《靠科技自立自强塑造发展新优势》,《解放日报》2021 年 3 月 2 日。

39. 李振京、张林山:《"十二五"时期科技体制改革与国家创新体系建设》,《宏观经济管理》2010 年第 6 期。

40. 李志遂、刘志成:《推动综合性国家科学中心建设增强国家战略科技力量》,《宏观经济管理》2020 年第 4 期。

41. 刘波、李湛:《中国科技创新资源配置体制机制的演进、创新与政策研究》,《科学管理研究》2021 年第 4 期。

42. 刘丹、闫长乐:《协同创新网络结构与机理研究》,《管理世界》2013 年第 12 期。

43. 刘凤朝、潘雄锋、施定国:《基于集对分析法的区域自主创新能力评价研究》,《中国软科学》2005 年第 11 期。

44. 刘庆龄、曾立:《国家战略科技力量主体构成及其功能形态研究》,《中国科技论坛》2022 年第 5 期。

45. 刘娅:《英国国家战略科技力量运行机制研究》,《全球科技经济瞭望》2019 年第 2 期。

46. 柳卸林:《搭建学术平台扩散学术成果》,《科学学与科学技术管理》2005 年第 6 期。

47. 龙云安、胡能贵、陈国庆等：《培育我国国家战略科技力量建制化新优势研究》，《科学管理研究》2017 年第 2 期。

48. 陆岷峰、葛和平：《基于"政产学研用金"协同创新的网络金融生态圈构建研究》，《兰州学刊》2018 年第 2 期。

49. 齐建国：《技术创新：国家系统的改革与重组》，社会科学文献出版社 1995 年版。

50. 任保平：《新中国 70 年经济发展的逻辑与发展经济学领域的重大创新》，《学术月刊》2019 年第 8 期。

51. 申金升、梁帅、张丽等：《科技创新体系视角下国家战略科技力量协同发展模式研究》，《今日科苑》2022 年第 11 期。

52. 石定寰：《国家创新系统：现状与未来》，经济管理出版社1999 年版。

53. 孙卫、王彩华、刘民婷：《产学研联盟中知识转移绩效的影响因素研究》，《科学学与科学技术管理》2012 年第 8 期。

54. 谭贤楚：《对美国国家创新系统的分析与思考》，《技术与创新管理》2005 年第 2 期。

55. 佟晶石：《对产学研合作创新的认识》，《财经问题研究》2002 年第 11 期。

56. 涂振洲、顾新：《基于知识流动的产学研协同创新过程研究》，《科学学研究》2013 年第 9 期。

57. 王朝科：《分配制度上升为基本经济制度的理论必然和实践必然》，《上海经济研究》2020 年第 1 期。

58. 王成军：《初探大学—产业—政府三重螺旋》，《宁波大学学报》（人文科学版）2005 年第 4 期。

59. 王世春、藏艳秋、常伟等：《强化军民科技协同创新平台建设对江苏国家战略科技力量培育的对策建议》，《未来与发展》2022 年第 5 期。

60. 王志超、曲文强、许晓辉：《我国高校协同创新研究的热点、前沿与发展趋势——基于 Cooc 与 CiteSpace 的可视化分析》，《中国高校科技》2023 年第 12 期。

61. 文少保：《多任务协作、跨学科研究与多学科人才结构匹配——对美国麻省理工辐射实验室雷达研制的历史考察》，《自然辩证法研究》2012 年第 3 期。

62. 吴寿仁：《从进步到创新，激发企业增强科技创新能力》，《华东科技》2022 年第 5 期。

63. 吴寿仁：《改革开放以来上海科技体制改革历程》，《科技中国》2020 年第 8 期。

64. 吴寿仁：《科技成果转化若干热点问题解析（三十一）——企业科技成果转化政策导读》，《科技中国》2020 年第 1 期。

65. 肖小溪、李晓轩：《关于国家战略科技力量概念及特征的研究》，《中国科技论坛》2021 年第 3 期。

66. 徐示波、贾敬敦、仲伟俊：《国家战略科技力量体系化研究》，《中国科技论坛》2022 年第 3 期。

67. 薛钢、张道远、王薇：《研发加计税收优惠对企业全要素生产率的激励效应》，《云南财经大学学报》2019 年第 8 期。

68.《依托国家战略科技力量，助力长三角科创一体化发展》，《张江科技评论》2019 年第 1 期。

69. 尹西明、陈劲、贾宝余：《高水平科技自立自强视角下国家战略科技力量的突出特征与强化路径》，《中国科技论坛》2021年第9期。

70. 应验、董俊林、贾宝余：《国家战略科技力量研究综述：现状、不足与展望》，《创新科技》2022年第9期。

71. 于娟：《产学研联盟稳定性研究》，哈尔滨工程大学博士学位论文2016年。

72. 张骏：《高质量建好用好国家战略科技力量》，《解放日报》2024年1月12日。

73. 张力：《产学研协同创新的战略意义和政策走向》，《教育研究》2011年第7期。

74. 周岱、刘红玉、赵加强等：《国家实验室的管理体制和运行机制分析与建构》，《科研管理》2008年第2期。

75. 周寄中、张黎、汤超颖：《关于自主创新与知识产权之间的联动》，《管理评论》2005年第11期。

76. 周密、胡清元：《区域科技创新政策协同的多维度文本分析——基于京津冀和长三角的异质性视角》，《首都经济贸易大学学报》2022年第6期。

77. 庄芹芹、高洪玮：《强化国家战略科技力量的政策演变、理论进展与展望》，《当代经济管理》2023年第12期。

78. Chesbrough H. W., *Open Innovation: The New Imperative for Creating and Profiting from Technology*, New York: Harvard Business Press, 2003.

79. Etzkowitz H., Leydesdorff L., "The Triple Helix-University-

Industry-Government Relations: A Laboratory for Knowledge Based Economic Development," *EASST Review*, Vol. 14, No. 1, 1995.

80. Freeman C., *Technology Policy and Economic Performance: Lessons from Japan*, London: Printer Publishers, 1987.

81. Gusterson H., "The assault on Los Alamos National Laboratory: A drama in three acts," *Bulletin of the Atomic Scientists*, Vol. 67, No. 6, 2011.

82. Hage J., Jordan G., Mote J., et al. "Designing and facilitating collaboration in R&D: Acasestudy," *Journal of Engineering and Technology Management*, Vol. 25, No. 4, 2008.

83. Jcrow M., Bozeman B., *Limited by Design: R&D Laboratories in the U. S. National Innovation System*, New York: Columbia University Press, 1998.

84. Nie J., Wei H., "An empirical study of the capture process of innovation resources in state key laboratories," *Science Research Management*, Vol. 38, No. 9, 2017.

85. Humble J., Jackson D., Thomson A., "The strategic power of corporate values," *Long Range Planning*, Vol. 27, No. 6, 1994.

86. Jordan G. B., Streit L. D., Binkley G. S., "Assessing and improving the effectiveness of National Research Laboratories," *IEEE Transactions on Engineering Management*, Vol. 50, No. 2, 2003.

87. Nelson R., *An Evolutionary Theory of Economic Change*, New York: Harvard University Press, 1985.

88. Nelson R., *National Innovation Systems: A Comparative Analysis*, London: Oxford University Press, 1993.

89. North D. C., *Institutions, Institutional Change and Economic Performance*, Cambridge University Press, 1990.

90. Powell W. W., Koput K. W., Smith-Doerr L., "Interorganizational Collaboration and the Locus of Innovation: Networks of Learning in Biotechnology," *Administrative Science Quarterly*, Vol. 41, No. 1, 1996.

91. Rainey H. G., Ringer B., Kingsley G. "Privatized administration of the national laboratories: Developments in the government-owned, contractor-operated approach," *Public Performance & Management Review*, Vol. 28, No. 2, 2004.

后 记

"五个中心"建设是党中央赋予上海的重要使命，国际科技创新中心建设是其中重要一环，而率先探索和建立在沪国家战略科技力量为主导的协同创新机制，是新时代上海建设具有全球影响力的科技创新中心的关键。新一轮科技革命和产业变革加速演进，各学科、各领域间深度交叉融合，上海是中国式现代化的重要展示窗口，必须强化国家战略科技力量协同创新机制，充分利用开放优势，打破传统的创新壁垒，以应对日益激烈的全球科技竞争。建立在沪国家战略科技力量为主导的协同创新机制对上海强化国家战略科技力量、坚持创新在我国现代化建设全局中的核心地位、加快实现高水平科技自立自强和发展新质生产力，至关重要。

2023年4月10日，上海市科学技术委员会根据《关于发布上海市2023年度"科技创新行动计划"软科学研究项目申报指南的通知》要求，经单位申报、形式审查、专家评审、立项公示等程序，委托上海社会科学院开展"在沪国家战略科技力量为主导的协同创新机制研究"（项目编号23692100400），项目负责人为李湛，项目组由上海社会科学院应用经济研究所、上海交通大学、上海工程技术大学和上海市科技创业中心的研究人员组成，包括张剑波研究员、刘燕刚教授、曹祎遐研究员、戴智华教授、胡文伟教授、徐佩锋高级工程师、在站博士后陈博、助理研究员杨博和张广财，以及博士研究生胡骞文、李歌、张恩典、沈纬等。项目组经过一年时间分 3 个阶段的项目研究，以及实地调研和专题研讨，较为圆满地完成了规定的研究任务。撰写了 14 万字的研究报告，发表了 5 篇学术论文，其中被人大复印报刊资料全文转载 1 篇。发表重要报刊媒体文章 12 篇，撰写调研报告 10 篇，在重要论坛公开发布的阶段性成果获得广泛报道，上报了多篇决策咨询专报并获得领导肯定性批示，取得了较好的研究成果。

本书是在项目研究报告的基础上进行整理而成的。经专家评审和管理部门审核，入选"上海智库报告文库"。本书得以顺利出版离不开上海市哲学社会科学规划办公室的关心支持、上海人民出版社的辛勤工作，在此表示感谢。

本书针对完善国家战略科技力量发展理论的需要、丰富国家战略科技力量实践的需要、推进协同创新发展实践的需要和强化在沪国家战略科技力量实践的需要，从在沪国家战略科技力量主导的协同创新机制角度，聚焦于探讨新时代强化在沪国家战略科技力量主导的协同创新的上海使命、思路与举措，为上海以科技现代化支撑中国式现代化筑牢基底，为加快建设具有全球影响力的科技创新中心提供动力，为应对日益激烈的国际科技竞争塑造优势，促进上海更好完成强化国家战略科技力量这一重点战略任务。

研究国家战略科技力量主导的协同创新机制并推进具体的实践，谱写协同创新的新篇章，不是一个短时间内可以彻底完成的任务。今后还需继续进行更加深入的研究，在科技创新推动产业创新，培育发展新质生产力的伟大实践中上下求索、勇迈雄关。

作　者

2025 年 4 月

图书在版编目(CIP)数据

协同创新 : 强化国家战略科技力量主导 / 李湛等著.

上海 : 上海人民出版社, 2025. -- ISBN 978-7-208 -19300-0

Ⅰ. G322.751

中国国家版本馆 CIP 数据核字第 2024VZ8662 号

责任编辑 裴文祥

封面设计 汪 昊

协同创新:强化国家战略科技力量主导

李 湛 等著

出　　版　上海人民出版社
　　　　　（201101 上海市闵行区号景路 159 弄 C 座）
发　　行　上海人民出版社发行中心
印　　刷　上海中华印刷有限公司
开　　本　787×1092　1/16
印　　张　15
插　　页　3
字　　数　167,000
版　　次　2025 年 6 月第 1 版
印　　次　2025 年 6 月第 1 次印刷
ISBN 978 - 7 - 208 - 19300 - 0/D · 4441
定　　价　68.00 元